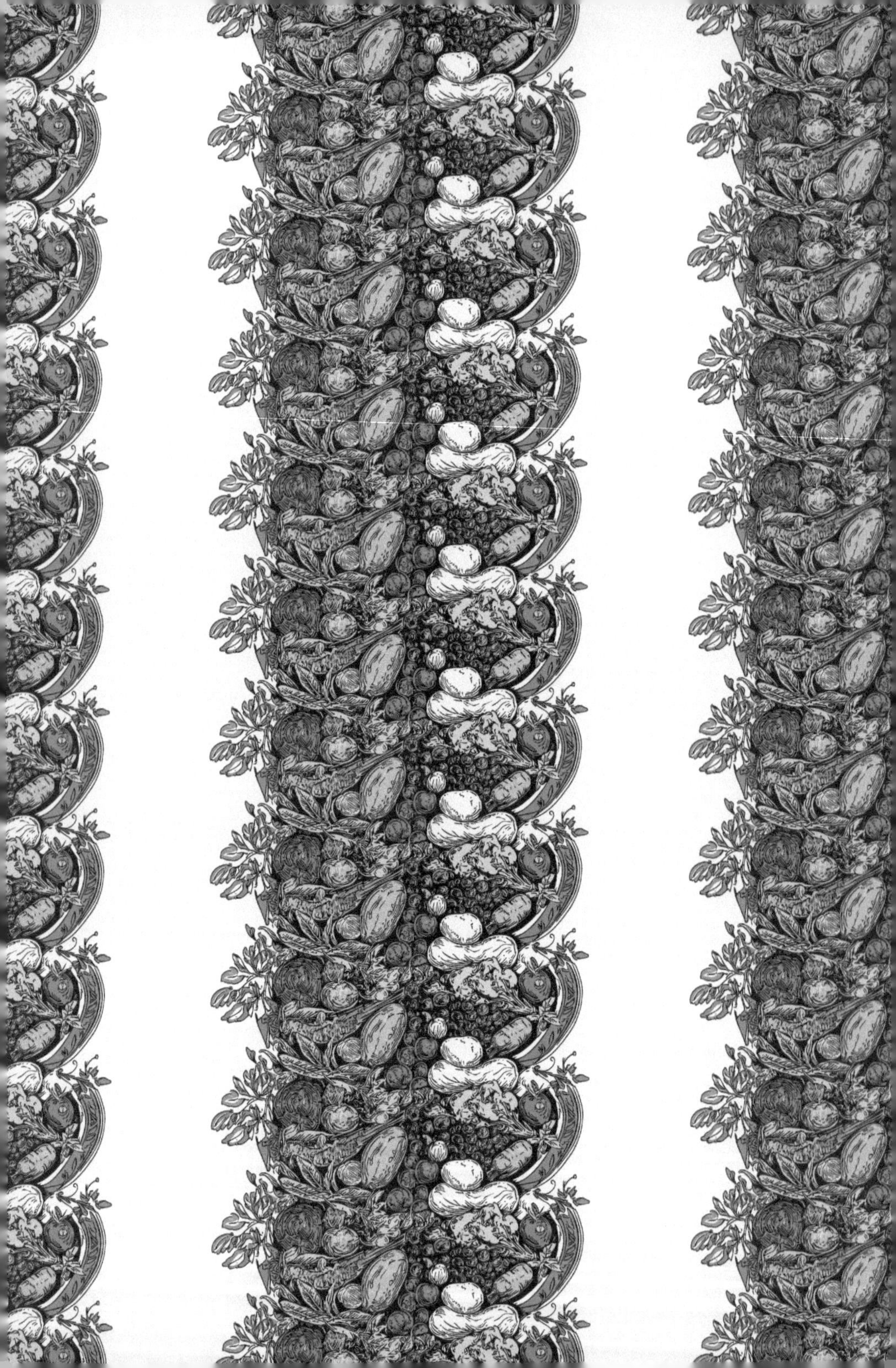

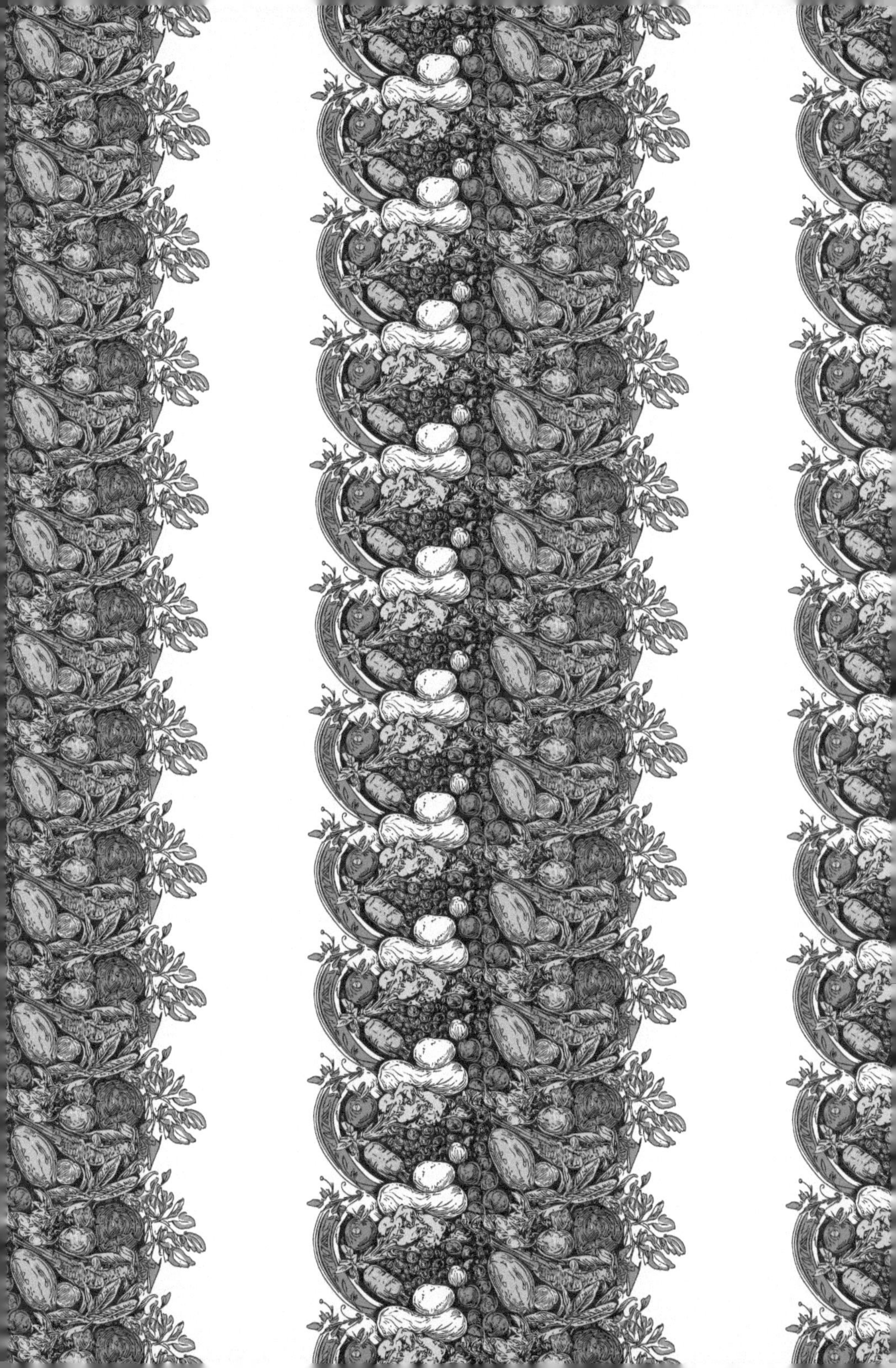

## Colophon

Saage Media GmbH
c/o SpinLab – The HHL Accelerator
Spinnereistraße 7
04179 Leipzig, Germany
E-Mail: contact@SaageMedia.com
Web: www.SaageMedia.com
Commercial Register: Local Court Leipzig, HRB 42755 (Handelsregister: Amtsgericht Leipzig, HRB 42755)
Managing Director: Rico Saage (Geschäftsführer)
VAT ID Number: DE369527893 (USt-IdNr.)

Editore: Saage Media GmbH
Pubblicazione: 02.2025
Design della copertina: Saage Media GmbH
ISBN Brossura (it): 978-3-384-53301-2
ISBN Ebook (it): 978-3-384-53302-9

## Note legali / Avvisi



I link esterni e i riferimenti alle fonti elencati in questo libro sono stati verificati al momento della pubblicazione. L'autore non ha alcuna influenza sulla progettazione e sui contenuti attuali e futuri delle pagine collegate. Il fornitore del sito web collegato è l'unico responsabile per contenuti illegali, errati o incompleti e per danni derivanti dall'uso o dal mancato uso delle informazioni, non chi fa riferimento alla rispettiva pubblicazione tramite link. Tutte le fonti esterne utilizzate sono elencate nella bibliografia. Nonostante l'accurato controllo dei contenuti, non ci assumiamo alcuna responsabilità per i contenuti di fonti esterne. Gli operatori delle fonti citate sono gli unici responsabili del loro contenuto. Immagini e fonti di terzi sono contrassegnate come tali. La riproduzione, l'elaborazione, la distribuzione e qualsiasi tipo di sfruttamento al di fuori dei limiti del diritto d'autore richiedono il consenso scritto dell'autore o del creatore.

Questo libro è stato tradotto dal tedesco. Non si possono escludere completamente deviazioni dall'originale o errori di traduzione. Tutte le fonti citate nel libro sono disponibili in inglese. Non ci assumiamo alcuna responsabilità per eventuali imprecisioni o malintesi di contenuto derivanti dalla traduzione.

I dati nei diagrammi che non sono esplicitamente contrassegnati con una fonte non si basano su studi ma sono ipotesi non vincolanti per una migliore visualizzazione.

Questo libro è stato creato utilizzando l'Intelligenza Artificiale (IA) e altri strumenti. Tra le altre cose, sono stati utilizzati strumenti per la ricerca, la scrittura/editing e la generazione di illustrazioni decorative. Nonostante i controlli, non si possono escludere completamente gli errori. Vorremmo sottolineare che l'uso dell'IA serve come strumento di supporto per offrire ai nostri lettori un'esperienza di lettura di alta qualità e stimolante.

I riferimenti e le citazioni contenuti in questo libro sono stati accuratamente ricercati e riprodotti nel loro significato. L'interpretazione e la presentazione del contenuto citato riflettono la comprensione dell'autore e non necessariamente corrispondono all'intenzione o all'opinione degli autori originali. Per le citazioni parafrasate, le dichiarazioni principali delle fonti originali sono state incorporate nel contesto di quest'opera secondo le migliori conoscenze e convinzioni, ma possono deviare dalle formulazioni originali e dalle sfumature di significato a causa del trasferimento e della semplificazione. Tutte le fonti utilizzate sono completamente elencate nella bibliografia e possono essere lette lì nell'originale. La responsabilità dell'interpretazione e dell'incorporazione contestuale del contenuto citato è dell'autore di questo libro. Per domande scientifiche e informazioni dettagliate, si raccomanda di consultare le fonti originali. L'autore si è sforzato di presentare argomenti scientifici complessi in modo generalmente comprensibile. Non si possono escludere semplificazioni e generalizzazioni. Non può essere fornita alcuna garanzia per l'accuratezza tecnica e la completezza delle presentazioni semplificate. La riproduzione parafrasata di citazioni e scoperte scientifiche viene effettuata coscienziosamente in conformità con la legge sulle citazioni secondo § 51 UrhG e tutte le disposizioni pertinenti sul diritto d'autore di altri paesi. Quando si semplifica, trasferisce e possibilmente traduce contenuto scientifico in un linguaggio generalmente comprensibile, si possono perdere sfumature di significato e dettagli tecnici. L'autore non rivendica diritti sulle opere citate e rispetta tutti i diritti d'autore degli autori originali. Se viene rilevato un uso non autorizzato, l'autore chiede di essere informato per prendere le misure appropriate. Per scopi accademici e quando utilizzato come riferimento scientifico, si raccomanda espressamente di consultare le fonti originali. La presentazione semplificata serve esclusivamente per informazione scientifica popolare.

Le informazioni contenute in questo libro riguardanti la nutrizione autoimmune e la medicina nutrizionale sono state ricercate con cura e compilate secondo la migliore conoscenza e coscienza. Tuttavia, non è possibile escludere completamente errori. Le raccomandazioni e i concetti nutrizionali presentati non sostituiscono una consulenza medica professionale, una diagnosi o un trattamento. Prima di intraprendere un cambiamento nella dieta, è fondamentale consultare il proprio medico curante o un nutrizionista qualificato, soprattutto se si stanno già assumendo farmaci o si soffre di disturbi di salute. Le malattie autoimmuni sono quadri clinici complessi che possono manifestarsi in modo molto diverso a livello individuale. Gli approcci nutrizionali descritti possono avere un effetto di supporto, ma non garantiscono il successo della guarigione. Non si può assumere alcuna responsabilità per eventuali danni alla salute derivanti dall'applicazione delle raccomandazioni nutrizionali presentate. La ricerca medica è in continua evoluzione. Al momento della stampa, tutte le informazioni corrispondono allo stato attuale della scienza, ma potrebbero cambiare a seguito di nuove scoperte. Tutti i marchi e i nomi di prodotto menzionati nel libro sono protetti da diritti di marchio, marchi o brevetti dei rispettivi proprietari. Gli studi e le fonti scientifiche utilizzate sono elencati nell'appendice.

Bendis Saage

# Alimentazione Antinfiammatoria: Medicina Nutrizionale per Malattie Autoimmuni

## Guida pratica per trattare con successo le malattie autoimmuni attraverso una dieta antinfiammatoria e paleo-orientata

75 Fonti
45 Diagrammi
86 Immagini
7 Illustrazioni

**Cari lettori,**

vi ringraziamo di cuore per aver scelto questo libro. Con la vostra scelta ci avete dato non solo la vostra fiducia, ma anche parte del vostro prezioso tempo. Lo apprezziamo molto.

Le malattie autoimmuni colpiscono milioni di persone e presentano quotidianamente sfide legate all'alimentazione. Questo libro specialistico offre una visione approfondita delle interrelazioni tra alimentazione e reazioni autoimmuni. Mostra come le diete antinfiammatorie, dal Paleo alla cucina mediterranea, possano essere utilizzate in modo mirato per alleviare i sintomi. Attraverso indicazioni pratiche, consigli per gli acquisti e ricette adatte alla vita quotidiana, imparerete come ottimizzare la vostra alimentazione passo dopo passo. Vengono considerati sia i fondamenti della nutrizione clinica che le più recenti scoperte scientifiche. Il libro unisce conoscenze teoriche a raccomandazioni pratiche e vi supporta nello sviluppo della vostra strategia alimentare individuale. Utilizzate questo manuale pratico come guida nel vostro percorso verso un'alimentazione salutare.

Questa guida fornisce informazioni comprensibili e pratiche su un argomento complesso. Grazie a strumenti digitali autoprodotti che utilizzano anche reti neurali, siamo stati in grado di condurre ricerche approfondite. I contenuti sono stati strutturati in modo ottimale e sviluppati fino alla versione finale per fornire una panoramica ben fondata e facilmente accessibile. Il risultato: ottieni una visione completa e benefici di spiegazioni chiare ed esempi illustrativi. Anche il design visivo è stato ottimizzato attraverso questo metodo avanzato in modo da poter cogliere e utilizzare rapidamente le informazioni.

Ci impegniamo per la massima precisione, ma siamo grati per qualsiasi segnalazione di possibili errori. Visitate il nostro sito web per trovare le ultime correzioni e aggiunte a questo libro. Queste saranno incorporate anche nelle edizioni future.

Speriamo che vi piaccia leggere e scoprire cose nuove! Se avete suggerimenti, critiche o domande, attendiamo il vostro feedback. Solo attraverso uno scambio attivo con voi lettori le future edizioni e opere potranno diventare ancora migliori. Restate curiosi!

**Bendis Saage**

Saage Media GmbH - Squadra

- www.SaageBooks.com/it
- support@saagemedia.com
- Spinnereistraße 7 - c/o SpinLab – The HHL Accelerator, 04179 Leipzig, Germany

## Accesso rapido alla conoscenza

Per garantire un'esperienza di lettura ottimale, desideriamo familiarizzarvi con le caratteristiche principali di questo libro:

- **Struttura Modulare:** Ogni capitolo è autonomo e può essere letto indipendentemente dagli altri.
- **Ricerca Approfondita:** Tutti i capitoli si basano su ricerche approfondite e sono supportati da riferimenti scientifici. I dati mostrati nei diagrammi servono per una migliore visualizzazione e si basano su ipotesi, non sui dati forniti nelle fonti. Un elenco completo delle fonti e dei crediti delle immagini si trova nell'appendice.
- **Terminologia Chiara:** I termini tecnici sottolineati sono spiegati nel glossario.
- **Riassunti dei Capitoli:** Alla fine di ogni capitolo troverete riassunti concisi che vi daranno una panoramica dei punti chiave.
- **Raccomandazioni Concrete:** Ogni sottocapitolo si conclude con un elenco di consigli specifici per aiutarvi a mettere in pratica ciò che avete imparato.

**Materiali bonus aggiuntivi sul nostro sito web**

Sul nostro sito web pianifichiamo di mettere a disposizione i seguenti materiali esclusivi:

- Contenuti bonus e capitoli aggiuntivi
- Un riepilogo complessivo compatto
- Una versione radiodrammatica. (In pianificazione)

Il sito web è attualmente in costruzione.

www.SaageBooks.com/it/
alimentazione_per_malattie_autoimmuni-bonus-IBQ8IF

# Indice

# 1. Fondamenti dell'alimentazione autoimmune

Perché il nostro sistema immunitario a volte reagisce contro il proprio corpo e quale ruolo gioca la nostra alimentazione quotidiana? La risposta risiede nella complessa interazione tra gli alimenti e il nostro sistema immunitario, che va ben oltre il semplice apporto calorico. La ricerca moderna dimostra che alcuni alimenti possono promuovere o inibire i processi infiammatori. I nutrienti giusti, al contrario, supportano l'autoregolazione del sistema immunitario e possono alleviare i disturbi. In questo capitolo scoprirete le basi scientificamente fondate di una terapia nutrizionale mirata nelle malattie autoimmuni.

## 1. 1 Principi di medicina nutrizionale

I principi della nutrizione medica costituiscono il fondamento di ogni strategia alimentare per le malattie autoimmuni. Un'adeguata fornitura di nutrienti influisce in modo significativo sul sistema immunitario e sulla salute intestinale, che giocano un ruolo centrale nelle malattie autoimmuni. Un'alimentazione squilibrata può favorire l'infiammazione e aggravare i sintomi, mentre un cambiamento alimentare mirato può alleviare i disturbi e migliorare il benessere. Scoprite di seguito come le giuste scelte alimentari possano influenzare positivamente la vostra salute.

*Una dieta equilibrata e una flora intestinale sana sono essenziali per un sistema immunitario funzionante e possono ridurre le infiammazioni, che giocano un ruolo centrale nelle malattie autoimmuni.*

## Relazione tra alimentazione e sistema immunitario

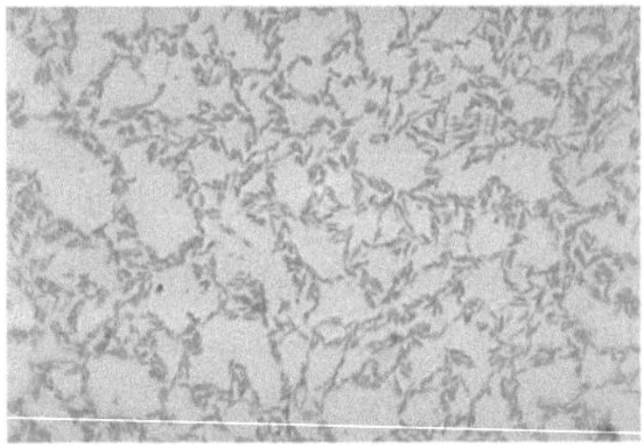

*Microbiota* [i1]

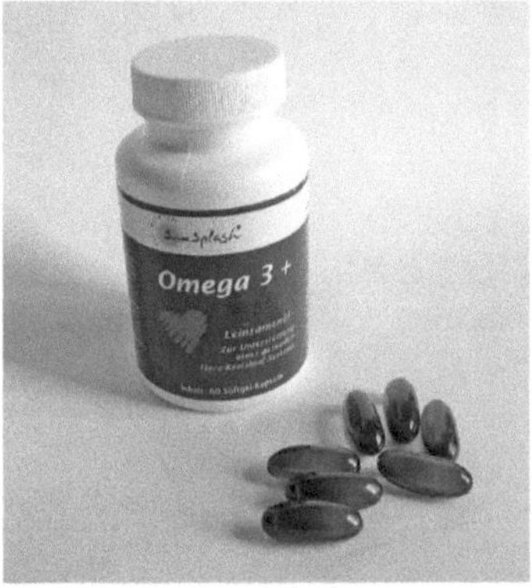


*Acidi grassi omega-3* [i2]

L'alimentazione influisce in modo significativo sul sistema immunitario, fornendo la disponibilità di nutrienti necessari per lo sviluppo e la funzione delle cellule immunitarie. Un apporto insufficiente di determinati nutrienti può indebolire la risposta immunitaria e aumentare la suscettibilità alle infezioni. Ad esempio, una carenza di vitamina D può ridurre le difese. [s1] Questo legame è particolarmente rilevante per le persone con un sistema immunitario compromesso, come i pazienti affetti da HIV. Qui, un adeguato apporto di nutrienti è importante per supportare l'efficacia dei farmaci e prevenire le infezioni. [s2] Oltre alla quantità, anche la qualità dei nutrienti è fondamentale. Vitamine, acidi grassi Omega-3 e polifenoli possono modulare la funzione immunitaria e rafforzare le difese. [s1] Un altro aspetto importante della relazione tra alimentazione e sistema immunitario è la salute intestinale. L'intestino ospita gran parte delle cellule immunitarie e gioca un ruolo cruciale nella difesa contro i patogeni. L'alimentazione influisce sulla composizione della flora intestinale (microbiota), che a sua volta regola la risposta immunitaria. [s1] Una dieta squilibrata può portare a un'alterazione della flora intestinale e, di conseguenza, a un aumento della predisposizione all'infiammazione nel corpo. Le infiammazioni croniche, a loro volta, possono aumentare il rischio di varie malattie, incluso il cancro. [s1] Nelle malattie autoimmuni, in cui il sistema immunitario attacca erroneamente le cellule del corpo, un cambiamento dietetico mirato può contribuire a ridurre le infiammazioni e alleviare i sintomi. Attraverso l'esclusione mirata di determinati alimenti e la loro graduale reintroduzione, è possibile identificare quali cibi scatenano reazioni infiammatorie e quali promuovono la salute intestinale. [s3] Un "intestino permeabile" può amplificare le infiammazioni nelle malattie autoimmuni, e una dieta adeguata può aiutare a migliorare questa condizione. [s3] In sintesi, una dieta equilibrata con un adeguato apporto di vitamine, minerali, acidi grassi Omega-3 e polifenoli costituisce la base per un sistema immunitario forte. Un'alimentazione amica dell'intestino, ricca di frutta, verdura e fibre, supporta una flora intestinale sana e può ridurre le infiammazioni. In alcune malattie come l'HIV o le malattie autoimmuni, un cambiamento dietetico mirato può supportare la terapia e migliorare la qualità della vita. Chi soffre di una malattia autoimmune dovrebbe ricevere una consulenza professionale per sviluppare una strategia alimentare personalizzata.

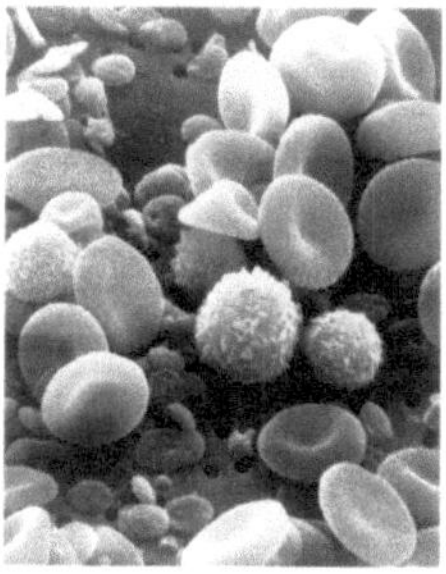

*cellula immunitaria* [i3]

## Utile sapere

### Intestino permeabile

Un "intestino permeabile" (sindrome dell'intestino permeabile) è una condizione in cui la mucosa intestinale diventa più permeabile e sostanze che normalmente dovrebbero rimanere nell'intestino entrano nel flusso sanguigno. Questo può favorire le infiammazioni nel corpo e contribuire a vari problemi di salute, comprese le malattie autoimmuni. Una dieta adeguata può aiutare a rafforzare la mucosa intestinale e ridurre la permeabilità.

### Malattie autoimmuni

Le malattie autoimmuni sono condizioni in cui il sistema immunitario attacca erroneamente le cellule e i tessuti del corpo. Esempi di malattie autoimmuni includono la sclerosi multipla, il morbo di Crohn e l'artrite reumatoide. Un cambiamento dietetico mirato può contribuire a ridurre le infiammazioni e alleviare i sintomi delle malattie autoimmuni.

### Minerali

I minerali sono nutrienti inorganici di cui il corpo ha bisogno per varie funzioni, tra cui la formazione di ossa e denti, la regolazione dell'equilibrio idrico e la funzione del sistema nervoso. Un adeguato apporto di minerali è importante per un sistema immunitario forte e per la prevenzione delle malattie croniche.

## Impatto dei cambiamenti dietetici sui marcatori infiammatori

Illustra la correlazione tra interventi dietetici e risposta infiammatoria in un paziente ipotetico.

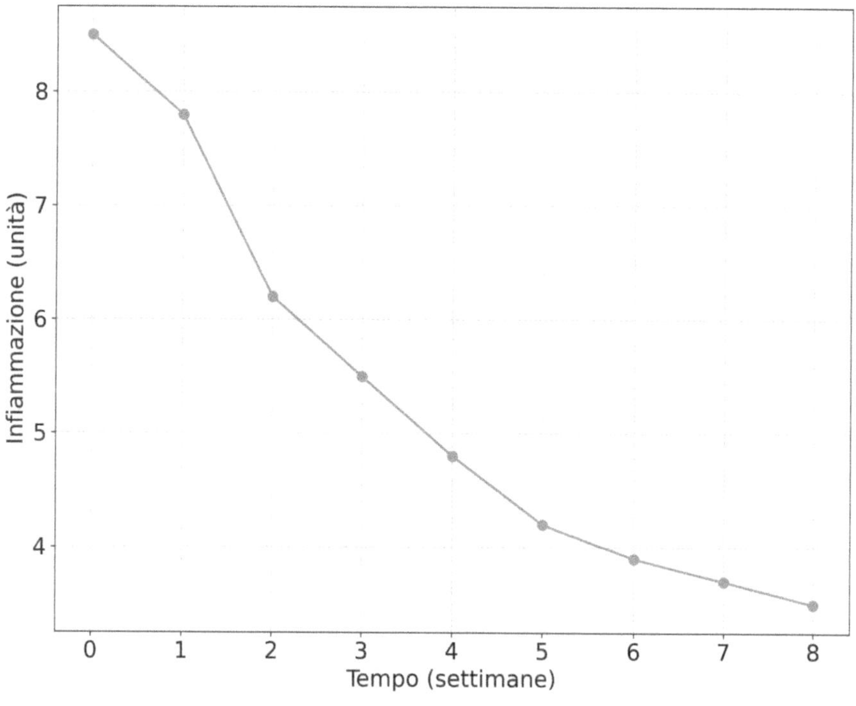


Il grafico mostra una notevole diminuzione dei marcatori infiammatori in seguito all'implementazione di una dieta di eliminazione. Ciò suggerisce una correlazione positiva tra gli aggiustamenti dietetici e una riduzione dell'infiammazione, indicando potenzialmente una migliore regolazione immunitaria. Ulteriori indagini sono necessarie per identificare specifici alimenti scatenanti e ottimizzare la gestione dietetica a lungo termine.

## Meccanismo d'azione degli alimenti antinfiammatori

Gli alimenti antinfiammatori agiscono influenzando i processi infiammatori del corpo in modi complessi. Forniscono nutrienti che intervengono direttamente nel metabolismo infiammatorio. Sostanze vegetali bioattive, come quelle presenti in frutta e verdura, possono ad esempio inibire l'attività di enzimi pro-infiammatori. [s4] Inoltre, le diete antinfiammatorie, come quella descritta nella fonte [s5], promuovono la diversità della flora intestinale. Una microbiota equilibrata produce acidi grassi a catena corta, che a loro volta rafforzano la barriera intestinale e riducono l'ingresso di sostanze scatenanti l'infiammazione nel sangue. Un ulteriore meccanismo d'azione risiede nella riduzione dello stress ossidativo attraverso l'assunzione di antiossidanti. Questi proteggono le cellule dai danni causati dai radicali liberi, che favoriscono i processi infiammatori. Ad esempio, le bacche, ricche di antiossidanti, possono contribuire a mitigare l'infiammazione nel corpo. Inoltre, l'accento su alimenti non lavorati all'interno dei concetti dietetici antinfiammatori minimizza l'assunzione di additivi e grassi trans, che possono anch'essi promuovere l'infiammazione. [s4] La fase di eliminazione menzionata nella fonte [s6] della dieta del protocollo autoimmune (AIP) illustra questo approccio, escludendo inizialmente gruppi alimentari potenzialmente pro-infiammatori come cereali e latticini. La reintroduzione graduale consente di identificare intolleranze individuali e supporta lo sviluppo di una strategia alimentare personalizzata a lungo termine. [s5] Questa combinazione di assunzione mirata di nutrienti, promozione della salute intestinale e evitamento di sostanze pro-infiammatorie costituisce la base per l'effetto positivo degli alimenti antinfiammatori.

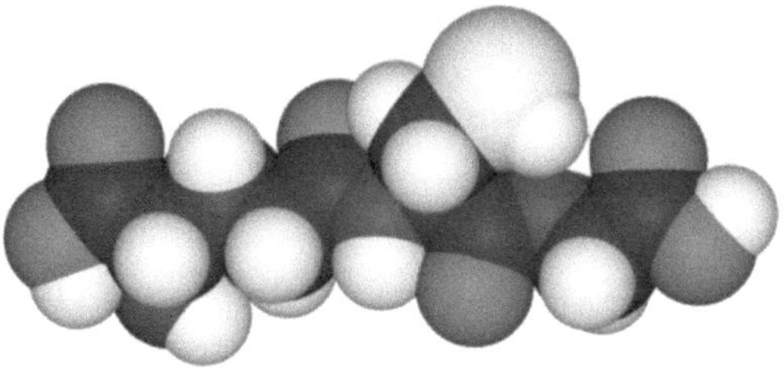

*Antiossidanti* [i4]

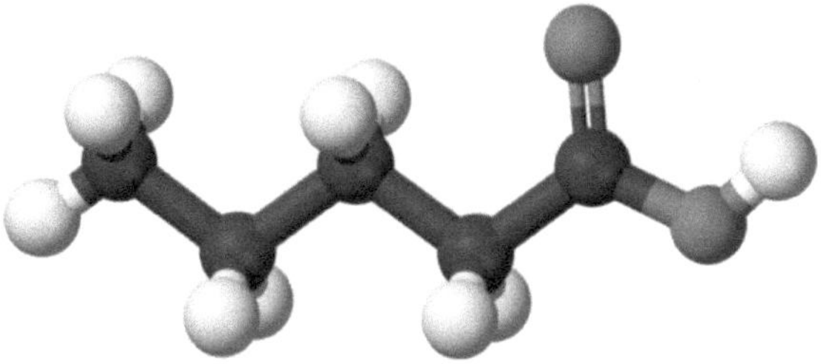

*Acidi grassi a catena corta* [i5]

## Utile sapere

**Dieta del protocollo autoimmune (AIP)**

La dieta del protocollo autoimmune (AIP) è una dieta di eliminazione che mira a identificare ed eliminare gli alimenti pro-infiammatori. Può aiutare nel trattamento delle malattie autoimmuni riducendo l'infiammazione e migliorando la salute intestinale.

**Sostanze vegetali bioattive**

Le sostanze vegetali bioattive, presenti in frutta, verdura, erbe e spezie, possono modulare l'infiammazione, regolare il sistema immunitario e influenzare positivamente la salute intestinale. Svolgono un ruolo importante nella nutrizione autoimmune, poiché possono contribuire ad alleviare i sintomi delle malattie autoimmuni.

## Efficacia degli Alimenti Antinfiammatori

Efficacia, biodisponibilità e frequenza di consumo di alimenti antinfiammatori.

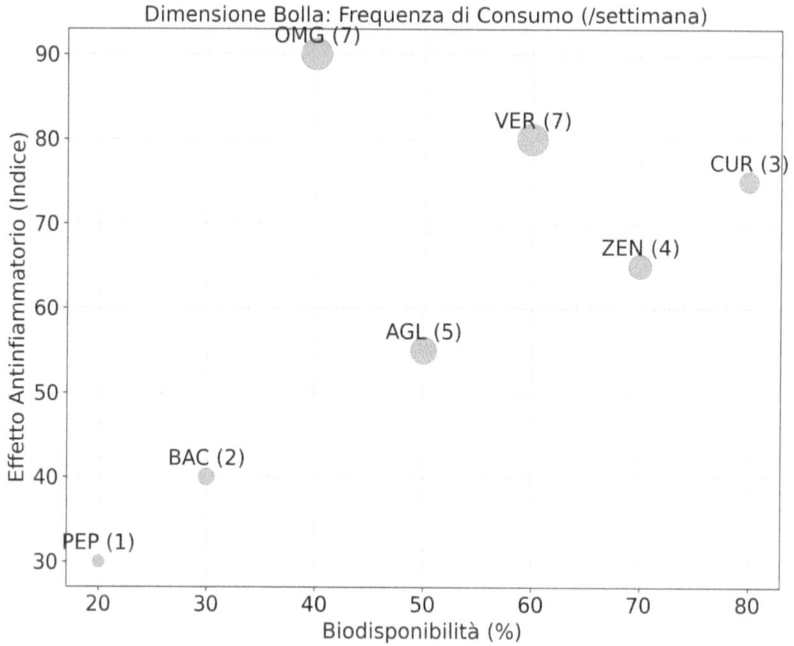


Blasengröße: Freq. Consumo (/settimana)

AGL: Aglio

BAC: Bacche

CUR: Curcuma

OMG: Omega-3

PEP: Pepe

VER: Verdure a Foglia Verde

ZEN: Zenzero

Alimenti ad alta biodisponibilità come la curcuma e lo zenzero mostrano forti effetti antinfiammatori anche con un consumo moderato. Le verdure a foglia verde, pur richiedendo una maggiore frequenza, offrono notevoli benefici grazie alla buona biodisponibilità. Gli Omega-3, nonostante la minore biodisponibilità, dimostrano forti effetti con un consumo frequente. Alcuni alimenti con minore biodisponibilità e consumo poco frequente possono comunque contribuire ai benefici antinfiammatori generali, ma mostrano un impatto meno evidente.

## Importanza della salute intestinale

L'intestino, molto più di un semplice organo digestivo, influisce su numerose funzioni corporee – dal sistema immunitario al metabolismo fino alla salute mentale. La mikrobiota intestinale, una complessa comunità di microrganismi, modula la risposta immunitaria interagendo con il sistema immunitario associato all'intestino (GALT) [s7]. I nutrienti provenienti dal cibo, ma anche gli antigeni della microbiota stessa, vengono assorbiti dal GALT e scatenano reazioni immunitarie mirate. Questa interazione è fondamentale per la immunoomeostasi, ovvero l'equilibrio del sistema immunitario. Una disbiosi, una composizione squilibrata della flora intestinale, può disturbare questa omeostasi e contribuire a un aumento della predisposizione all'infiammazione e a vari problemi di salute, come sintomi gastrointestinali in caso di disautonomia e sindromi di ipermobilità [s8]. Per influenzare positivamente la flora intestinale e migliorare l'assorbimento dei nutrienti, una dieta ricca di probiotici (come quelli presenti negli alimenti fermentati) e prebiotici (come le fibre in frutta e verdura) può essere vantaggiosa. Chi soffre di sintomi come gonfiore o dolori addominali potrebbe trovare sollievo evitando alimenti che favoriscono la disbiosi. Le fibre e i fitonutrienti, abbondanti negli alimenti vegetali, non solo promuovono la salute intestinale, ma rafforzano anche il sistema cardiovascolare e immunologico [s9]. Una dieta prevalentemente vegetale offre vantaggi antinfiammatori e antiossidanti. L'ottimizzazione dell'assorbimento dei nutrienti attraverso tale regime alimentare può ridurre il rischio di malattie croniche.

*Fitonutrienti* [i6]

## Utile sapere

**Antiossidanti**

Le sostanze antiossidanti proteggono le cellule dai danni causati dai radicali liberi e possono ridurre così le infiammazioni e il rischio di malattie autoimmuni.

**Fitonutrienti**

I fitonutrienti sono sostanze vegetali bioattive che possiedono proprietà antiossidanti e antinfiammatorie. Possono rafforzare il sistema immunitario e ridurre il rischio di malattie autoimmuni.

**Immunoomeostasi**

L'immunoomeostasi è l'equilibrio del sistema immunitario ed è influenzata dall'interazione tra microbiota e GALT. Le alterazioni di questo equilibrio possono favorire le malattie autoimmuni.

**Sindromi di ipermobilità**

Le sindromi di ipermobilità sono malattie del tessuto connettivo che possono portare a articolazioni ipermobili. Possono anche essere associate a problemi intestinali, che possono essere influenzati positivamente da una dieta adeguata.

## Composizione della Flora Intestinale

Distribuzione tipica della flora intestinale in un adulto sano.

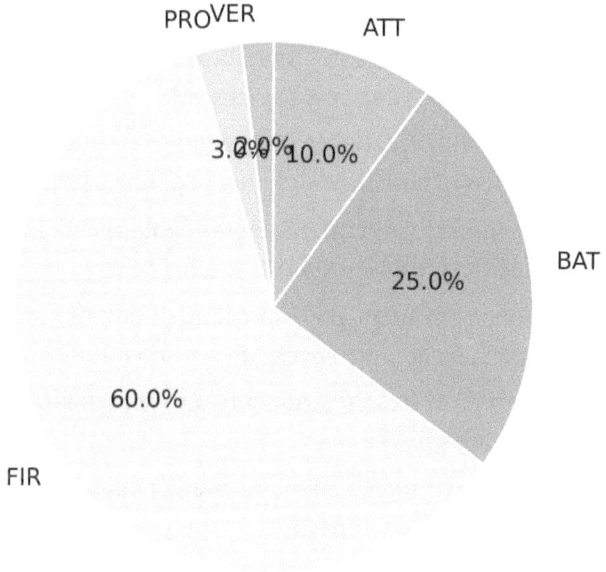


ATT: Attinomiceti

BAT: Batteroidi

FIR: Firmicuti

PRO: Proteobatteri

VER: Verrucomicrobi

Un microbioma intestinale equilibrato è cruciale per la salute generale, in particolare nel contesto delle malattie autoimmuni. Sebbene esistano variazioni individuali, questo grafico rappresenta una distribuzione generale dei phyla batterici. La predominanza di Firmicutes e Bacteroidetes sottolinea la loro importanza nella digestione, nell'assorbimento dei nutrienti e nella regolazione immunitaria. Una riduzione significativa di entrambi, insieme a un aumento dei Proteobacteria, potrebbe suggerire una disbiosi e potrebbe giustificare ulteriori indagini.

**Consigli concreti**

- Integra regolarmente alimenti fermentati come crauti o kimchi nella tua dieta per supportare la tua flora intestinale.
- Sperimenta con diverse fonti di fibre, dai semi di lino alle bucce di psillio fino ai semi di chia, per trovare la tolleranza ottimale per il tuo intestino.
- Concentrati su alimenti con proprietà antinfiammatorie, come curcuma, zenzero e verdure a foglia verde.
- Crea un diario alimentare per documentare l'influenza di determinati alimenti sul tuo benessere e sulla tua reazione autoimmune.
- Varia le tue fonti di proteine e integra regolarmente proteine vegetali come lenticchie, fagioli e quinoa.
- Fai attenzione a un'adeguata assunzione di liquidi, idealmente con acqua, tè non zuccherati e succhi di verdura diluiti.
- Prepara i tuoi pasti freschi e riduci il consumo di alimenti trasformati per minimizzare gli additivi.
- Mangia consapevolmente e lentamente per supportare la digestione e ridurre lo stress durante i pasti.
- Pianifica i tuoi pasti in anticipo per evitare abitudini alimentari poco salutari in situazioni di stress.
- Cerca il confronto con altri affetti per motivarvi a vicenda e ricevere nuove ispirazioni per la tua alimentazione.
- Osserva le tue reazioni individuali agli alimenti e adatta la tua dieta di conseguenza.
- Stabilisci obiettivi realistici e celebra i tuoi successi per mantenere alta la tua motivazione a lungo termine.
- Investi nella tua salute, privilegiando alimenti di alta qualità e prestando attenzione ai segnali del tuo corpo.

## 1. 2 Diete antinfiammatorie

Le infiammazioni croniche giocano un ruolo centrale nelle malattie autoimmuni e influenzano in modo significativo il decorso della malattia. Le diete antinfiammatorie offrono un approccio promettente per alleviare i sintomi e migliorare la qualità della vita. Questo capitolo esplora diverse strategie alimentari, dai concetti paleo-orientati alla dieta mediterranea fino alle forme tradizionali di alimentazione curativa, analizzando le loro potenzialità e sfide. Scoprite come un cambiamento mirato nella vostra alimentazione possa contribuire attivamente al vostro benessere.

*Sia le diete paleo-orientate che quelle mediterranee offrono vantaggi antinfiammatori, ma richiedono un'interpretazione flessibile e un adattamento individuale per evitare carenze nutrizionali e garantire la sostenibilità a lungo termine.*

## Diete paleo-orientate

Le diete paleo-orientate, spesso semplificate come "dieta paleo", si ispirano alle presunte abitudini alimentari dei nostri antenati del Paleolitico. Ciò implica un focus su alimenti non trasformati come carne magra, pesce, frutta, verdura, noci e semi. I prodotti a base di cereali, legumi, latticini e zucchero raffinato, che sono comparsi nella dieta umana solo con lo sviluppo dell'agricoltura e dell'allevamento, vengono invece evitati. Un tale approccio può avere effetti positivi sulla salute, ma comporta anche dei rischi. La ridotta assunzione di carboidrati derivante dall'assenza di cereali e legumi può portare a una perdita di peso iniziale e a un miglioramento della sensibilità all'insulina. L'elevato apporto di frutta e verdura fornisce vitamine, minerali e antioxidantien importanti. Il focus su alimenti non trasformati può contribuire a ridurre il consumo di prodotti altamente trasformati con additivi, grassi trans e zucchero raffinato, che sono associati a infiammazioni croniche. Allo stesso tempo, un'applicazione rigorosa della dieta paleo-orientata comporta il rischio di carenze nutrizionali, in particolare di calcio, vitamina D e vitamine del gruppo B. Un'assunzione insufficiente di questi nutrienti può avere conseguenze negative a lungo termine per la salute delle ossa, il sistema nervoso e il metabolismo energetico. Inoltre, la dieta paleo può risultare difficile da

*Legumi* [i7]

*Grassi trans* [i8]

seguire per molti a causa delle ampie restrizioni alimentari nella vita quotidiana. Mantenere questa dieta a lungo termine richiede pianificazione e disciplina. Ad esempio, visitare un ristorante o partecipare a eventi sociali in cui i cibi non possono essere preparati personalmente può creare difficoltà. Studi indicano che in alcune

malattie si possono osservare effetti positivi da una dieta paleo-orientata. Ad esempio, in alcuni gruppi di pazienti si può verificare un miglioramento della stanchezza. Tuttavia, questa osservazione deve essere considerata con cautela, poiché la ricerca è ancora limitata e sono necessarie ulteriori indagini per valutare in modo completo gli effetti a lungo termine e i potenziali rischi di una dieta paleo-orientata. Invece di considerare la dieta paleo come un concetto rigido, è possibile adottare un'interpretazione flessibile. Principi come il focus su alimenti non trasformati e una ridotta assunzione di zucchero raffinato possono essere integrati nel piano alimentare individuale, senza dover rinunciare completamente a cereali, legumi e latticini. Una dieta "paleo-orientata" può aiutare a beneficiare dei vantaggi del concetto, minimizzando al contempo il rischio di carenze nutrizionali. Questa forma adattata consente maggiore flessibilità e facilita l'integrazione a lungo termine nella vita quotidiana. Una consulenza nutrizionale individuale può aiutare a trovare l'equilibrio ottimale per ciascuna persona.

*Carenza nutrizionale* [i9]

## Varianti della Dieta Paleo e Focus

Confronto tra le varianti della dieta Paleo e il loro focus.

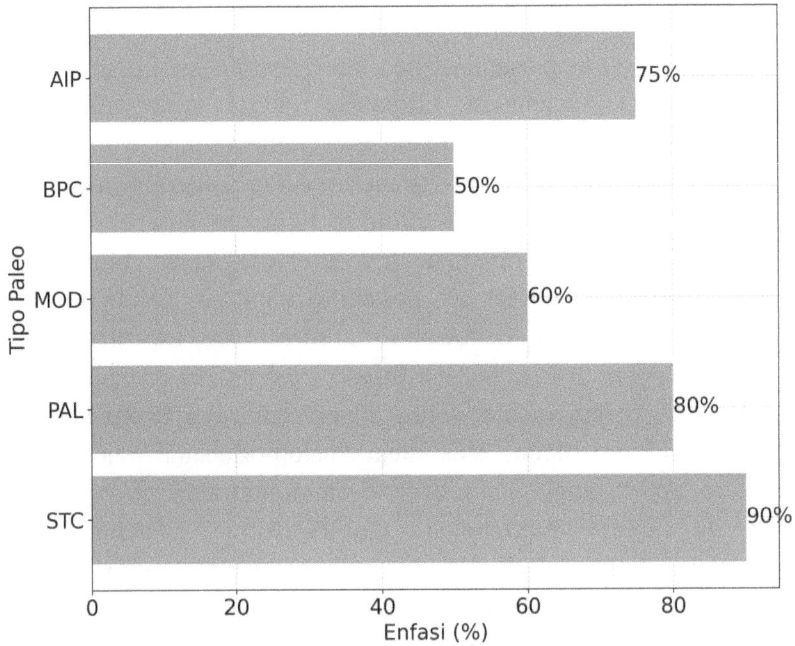


AIP: Protocollo Autoimmune

BPC: Paleo a Basso Contenuto di Carboidrati

MOD: Paleo Modificato

PAL: Paleo Primale

STC: Paleo Allineato Whole30

Il grafico evidenzia la diversa enfasi sui componenti dietetici specifici tra i diversi approcci Paleo. Mentre tutti danno priorità agli alimenti integrali, l'importanza relativa di fattori come la rigorosa aderenza all'AIP o la restrizione dei carboidrati differisce, consentendo un adattamento personalizzato in base alle esigenze e alle tolleranze individuali.

## Dieta mediterranea

La dieta mediterranea, basata su prodotti freschi, stagionali e regionali, è considerata una forma di alimentazione antinfiammatoria efficace. [s10] Il nucleo di questo regime alimentare è costituito da abbondanti quantità di frutta e verdura, cereali integrali, acidi grassi insaturi e proteine magre provenienti da legumi e pesce. [s10] L'olio d'oliva funge da principale fonte di grassi e fornisce preziosi fenoli, che non solo hanno effetti antinfiammatori, ma proteggono anche il sistema nervoso dallo stress ossidativo. [s11] Un consumo moderato di vino può anch'esso far parte di questo regime alimentare. [s12] A differenza della tipica dieta occidentale, caratterizzata da un alto contenuto di carne rossa, acidi grassi saturi e zuccheri, la dieta mediterranea privilegia gli alimenti vegetali e limita il consumo di carne rossa, uova e dolci. [s13] Un piano alimentare settimanale potrebbe includere, ad esempio, pesce e frutti di mare più volte, diverse varietà di frutta e verdura ogni giorno, oltre a cereali integrali, mentre la carne rossa viene consumata raramente. La dieta mediterranea mira a ridurre l'assunzione di grassi saturi e trans, preferendo invece i grassi insaturi. [s10] Questo ha un effetto positivo sul profilo lipidico e riduce il rischio di malattie cardiovascolari. [s10]

*Frutti di mare* [i10]

*Olio d'oliva* [i11]

La combinazione di diversi alimenti sani nella dieta mediterranea amplifica gli effetti positivi, poiché l'assunzione isolata di singoli nutrienti in quantità sufficienti è spesso difficile. [s14] Gli effetti positivi della dieta mediterranea si manifestano anche in un rischio ridotto per alcuni tipi di cancro, come il cancro al seno e al colon, nonché per malattie neurodegenerative come l'Alzheimer. [s10] [s13] Inoltre, l'elevato apporto di fibre da frutta, verdura e cereali integrali supporta un microbioma intestinale sano, che a sua volta promuove la produzione di acidi grassi a catena corta e rafforza la barriera intestinale. [s15] [s16] Questi acidi grassi a catena corta contribuiscono anch'essi all'azione antinfiammatoria. Studi dimostrano che la dieta mediterranea può ridurre i marcatori infiammatori come la proteina C-reattiva, l'interleuchina-6 e il fattore di necrosi tumorale-alfa. [s12] Queste proprietà antinfiammatorie sono attribuite agli antiossidanti e ai composti fenolici presenti. [s12] Pertanto, la dieta mediterranea può essere considerata un approccio promettente per la prevenzione e il trattamento delle malattie infiammatorie croniche, comprese le malattie autoimmuni. [s15]

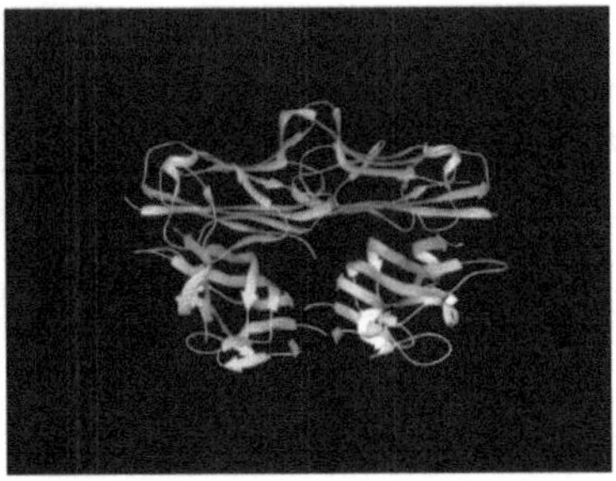

*Fattore di necrosi tumorale alfa (TNF-α)* [i12]

*Prodotti integrali* [i13]

## Utile sapere

**Dieta mediterranea**

La dieta mediterranea può contribuire a regolare le reazioni autoimmuni e alleviare i sintomi riducendo i marcatori infiammatori e rafforzando il sistema immunitario. È ricca di antiossidanti che proteggono le cellule dai danni e prevengono così le infiammazioni.

**Fattore di necrosi tumorale-alfa**

Il fattore di necrosi tumorale-alfa è un altro mediatore dell'infiammazione che gioca un ruolo nelle malattie autoimmuni. La dieta mediterranea può aiutare a ridurre la concentrazione di fattore di necrosi tumorale-alfa e quindi a inibire le infiammazioni.

## Gruppi di alimenti della dieta mediterranea

Distribuzione tipica dei gruppi di alimenti nella dieta mediterranea.

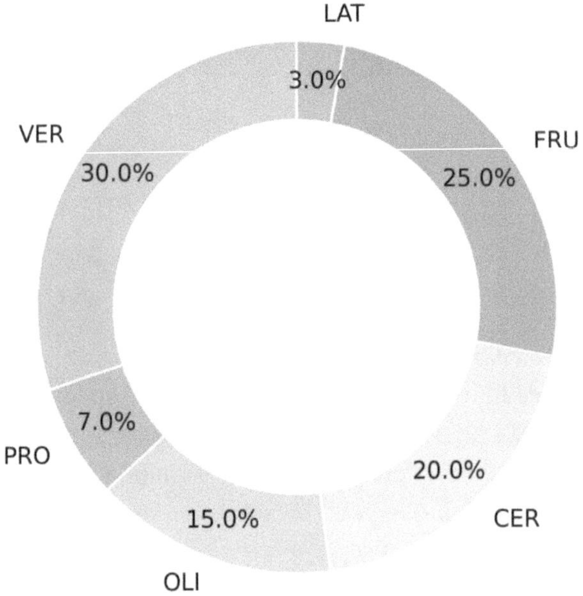


CER: Cereali integrali
LAT: Latticini (yogurt, formaggio)
PRO: Proteine magre (pesce, pollame, legumi)
FRU: Frutta
OLI: Olio d'oliva e grassi sani
VER: Verdure

Questo grafico evidenzia l'importanza degli alimenti di origine vegetale nella dieta mediterranea. Frutta, verdura e cereali integrali costituiscono la maggior parte dell'assunzione, fornendo una ricca fonte di fibre, vitamine e antiossidanti. I grassi sani derivati dall'olio d'oliva e dalla frutta secca contribuiscono in modo significativo, mentre porzioni moderate di proteine magre e latticini completano il modello alimentare. Questo equilibrio contribuisce alle proprietà antinfiammatorie della dieta.

## Forme tradizionali di alimentazione

Le forme tradizionali di alimentazione offrono approcci diversificati per alleviare le infiammazioni e supportare la salute. Ayurveda, la medicina tradizionale indiana, sottolinea l'equilibrio dei Dosha – Vata, Pitta e Kapha – attraverso un'alimentazione personalizzata. Zenzero e curcuma sono considerati antinfiammatori e trovano ampia applicazione nella cucina ayurvedica. La Medicina Tradizionale Cinese (MTC) utilizza anch'essa alimenti per armonizzare Yin e Yang e il flusso del Qi. Qui, ad esempio, spezie riscaldanti come la cannella vengono utilizzate per i sintomi da freddo, mentre alimenti rinfrescanti come il cetriolo sono raccomandati per i sintomi da calore. Anche la dieta mediterranea, ricca di olio d'oliva, pesce, frutta e verdura, mostra effetti antinfiammatori comprovati. Questa forma di alimentazione fornisce preziosi acidi grassi insaturi e antioxidantien, che possono controllare le reazioni di stress ossidativo e ridurre i processi infiammatori [s17] [s18]. Un ulteriore aspetto delle forme tradizionali di alimentazione è la considerazione del microbioma intestinale. Un'alimentazione ricca di fibre, come è comune in molte forme tradizionali di alimentazione, promuove un ambiente intestinale sano e può quindi contrastare le infiammazioni [s17]. L'integrazione di

*Zenzero* [i14]

*Cannella* [i15]

elementi delle forme tradizionali di alimentazione può arricchire il piano alimentare individuale e influenzare positivamente la salute. Una consulenza nutrizionale personalizzata può aiutare a trovare la strategia alimentare adatta e integrarla nella vita quotidiana. Tale consulenza tiene conto delle esigenze personali e delle condizioni di salute, offrendo così un approccio su misura che sfrutta al meglio i vantaggi delle forme tradizionali di alimentazione.

## Approcci Dietetici Antinfiammatori nei Sistemi di Guarigione Tradizionali

Confronto degli Effetti Antinfiammatori

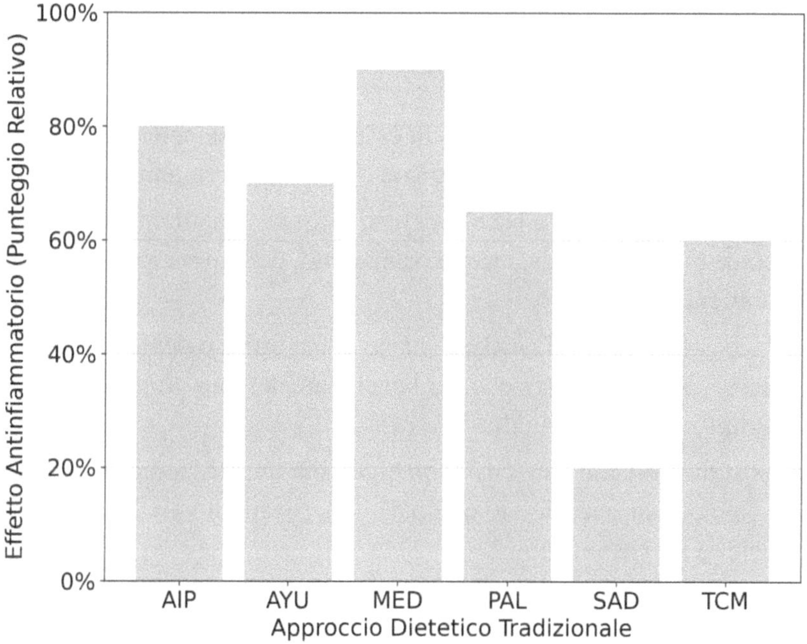


AIP: Protocollo Autoimmune

AYU: Ayurvedica

MED: Mediterranea

PAL: Paleo

SAD: Dieta Americana Standard

TCM: Medicina Tradizionale Cinese

Questo grafico evidenzia il potenziale antinfiammatorio relativo di varie diete tradizionali. La dieta mediterranea mostra le proprietà antinfiammatorie più forti, probabilmente grazie alla sua enfasi su frutta, verdura e grassi sani. Mentre le diete ayurvedica e della medicina tradizionale cinese dimostrano anche notevoli effetti antinfiammatori, sono necessarie ulteriori ricerche per comprendere appieno i loro meccanismi e l'applicazione ottimale per le condizioni autoimmuni. La dieta americana standard mostra il più basso potenziale antinfiammatorio, sottolineando l'importanza dei cambiamenti dietetici nella gestione dell'infiammazione.

**Consigli concreti**

- Scoprite la varietà di spezie e erbe e utilizzatele in modo mirato per arricchire i vostri pasti con sapore, beneficiando al contempo delle loro proprietà antinfiammatorie.
- Create i vostri smoothie anti-infiammatori con ingredienti come spinaci, bacche e curcuma, per assumere nutrienti essenziali in modo concentrato.
- Integrate regolarmente brodo di ossa fatto in casa nella vostra dieta per supportare la salute intestinale e il sistema immunitario.
- Sostituite i prodotti a base di cereali raffinati con alternative nutrienti come quinoa, grano saraceno o amaranto, per ottimizzare l'apporto di nutrienti.
- Incorporate erbe selvatiche e piante come ortica o dente di leone nella vostra alimentazione per beneficiare dei loro principi attivi antinfiammatori naturali.
- Sostituite oli convenzionali con oli di alta qualità, spremuti a freddo, come olio di semi di lino o olio d'oliva, per migliorare l'apporto di acidi grassi essenziali.
- Sperimentate con diversi metodi di cottura come la cottura a vapore o stufatura, per preservare al meglio i nutrienti nei vostri alimenti.
- Concentratevi su alimenti stagionali e locali, per beneficiare della loro freschezza e del loro alto contenuto nutrizionale.
- Create un ambiente di pasto rilassato per favorire la digestione e amplificare l'effetto positivo della vostra alimentazione.
- Imparate ad ascoltare i segnali di sazietà e mangiate solo quanto il vostro corpo realmente necessita.

## 1. 3 Fabbisogno di nutrienti nelle malattie autoimmuni

Nelle malattie autoimmuni, l'apporto di nutrienti gioca un ruolo decisivo. Minerali come zinco, rame e selenio, ma anche vitamine come D e B6 influenzano in modo significativo la risposta immunitaria e possono modulare il decorso della malattia. Una carenza o uno squilibrio di questi micronutrienti può compromettere la funzione immunitaria e intensificare i processi infiammatori. Anche i fitonutrienti, presenti in frutta e verdura, hanno un impatto sul sistema immunitario. Interagiscono con i recettori coinvolti nella regolazione delle reazioni immunitarie. Questo capitolo fornisce le conoscenze necessarie per comprendere l'importanza dei nutrienti nelle malattie autoimmuni e per utilizzare al meglio le strategie nutrizionali.

*Nelle malattie autoimmuni, un equilibrio minerale adeguato, in particolare di zinco, selenio, rame e ferro, è fondamentale per una sana modulazione immunitaria e può influenzare positivamente il decorso della malattia.*

## Minerali essenziali

I minerali sono coinvolti in numerosi processi nel corpo e influenzano anche il decorso delle malattie autoimmuni. Uno squilibrio nel bilancio di determinati minerali come zinco, rame, manganese e ferro può essere associato a una ridotta attività antiossidante e all'insorgenza di malattie autoimmuni [s19]. Lo zinco modula la risposta immunitaria attivando la produzione di citochine Th1 e prevenendo uno spostamento eccessivo verso le cellule Th2 [s19]. Se i livelli di zinco diminuiscono, come spesso osservato nei pazienti con malattie autoimmuni, ciò può portare a difetti immunitari [s19]. Il rame è coinvolto nella trasmissione di energia e nella respirazione cellulare. Una carenza di rame può portare a cambiamenti nella funzione immunitaria [s19]. Il cromo, a sua volta, influisce sul metabolismo di lipidi, proteine e carboidrati. Una carenza può essere associata a una scarsa tolleranza al glucosio [s19]. Le complesse interazioni tra diversi oligoelementi possono giocare un ruolo nello sviluppo delle malattie metaboliche [s19]. Ad esempio, una carenza di zinco può ridurre la funzione delle cellule natural killer e la fagocitosi dei neutrofili, aumentando la suscettibilità alle infezioni [s20]. Anche la biodisponibilità dei minerali come zinco e selenio influisce sulla loro efficacia nella modulazione immunitaria, in particolare nelle malattie autoimmuni [s21]. Lo zinco può inibire le vie di segnalazione NF-κB, riducendo così la produzione di citochine pro-infiammatorie [s21]. Anche il selenio ha un effetto anti-infiammatorio e può aumentare la risposta immunitaria delle cellule Th1 e la produzione di anticorpi [s21]. Nella tiroidite di Hashimoto, una malattia autoimmune della tiroide, le carenze di minerali possono giocare un ruolo nell'insorgenza e nello sviluppo della malattia [s22]. Il ferro e il selenio sono necessari per la formazione degli ormoni tiroidei T3 e T4, mentre lo zinco attiva i recettori T3 [s22]. Una carenza di zinco può disturbare i livelli di T3 e T4 e aumentare la produzione di anticorpi contro gli antigeni tiroidei [s22]. Oltre a questi minerali, anche magnesio, potassio, fosforo e cromo sono rilevanti per la funzione tiroidea [s22]. Lo iodio è essenziale per la sintesi degli ormoni tiroidei [s23]. Il selenio può ridurre gli autoanticorpi della tiroide e migliorare la funzione tiroidea, ma richiede un attento monitoraggio [s23]. Un'adeguata assunzione di iodio, selenio e ferro è importante per la sintesi e il metabolismo degli ormoni tiroidei [s24]. Le infiammazioni oculari possono essere ridotte dalla vitamina D [s25]. Le persone con ingrossamento della tiroide dovrebbero controllare i loro livelli di zinco [s23].

## Assunzione di minerali essenziali per le malattie autoimmuni

Dose giornaliera raccomandata di minerali chiave.

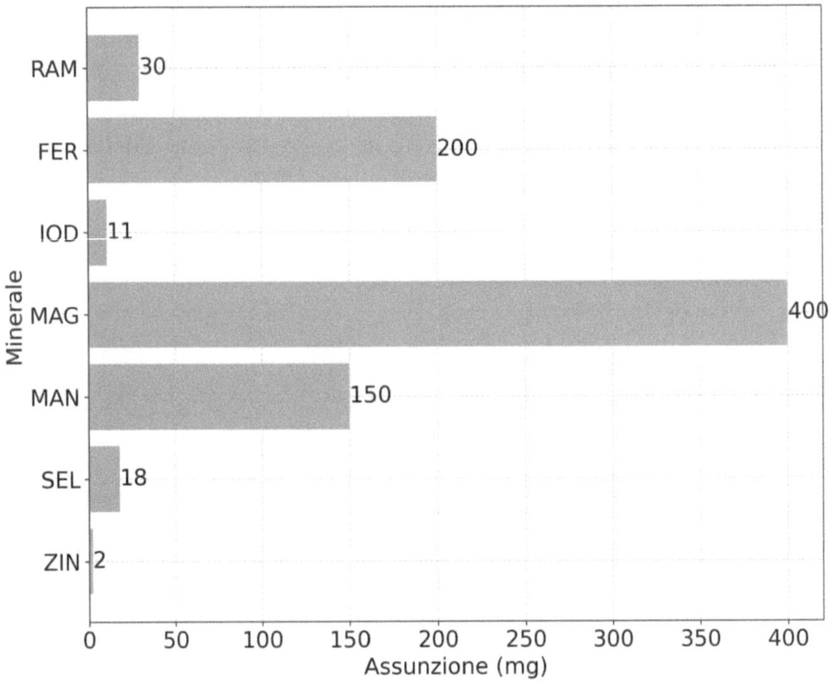


FER: Ferro

IOD: Iodio

MAG: Magnesio

MAN: Manganese

RAM: Rame

SEL: Selenio

ZIN: Zinco

Questo grafico evidenzia le diverse dosi giornaliere raccomandate per diversi minerali essenziali, sottolineando l'importanza di un'assunzione bilanciata di minerali per le persone che gestiscono malattie autoimmuni. Il magnesio e lo zinco mostrano dosi giornaliere raccomandate relativamente più elevate, suggerendo la loro potenziale importanza nel supportare la funzione immunitaria e la salute generale in questo contesto. Sebbene le esigenze individuali possano variare, questo grafico fornisce una panoramica generale dei livelli di assunzione target.

## Vitamine importanti

Le vitamine sono composti organici di cui il corpo ha bisogno per diverse funzioni, tra cui la regolazione del sistema immunitario. Nelle malattie autoimmuni, in cui il sistema immunitario attacca erroneamente le cellule del corpo, un adeguato apporto di vitamine è particolarmente importante. La vitamina D influisce sia sulla risposta immunitaria innata che su quella adattativa e può modulare i processi infiammatori [s26]. Studi suggeriscono che un'integrazione di vitamina D potrebbe essere vantaggiosa in alcune malattie della tiroide [s26]. Un altro micronutriente importante è la vitamina B6, che è coinvolta nella formazione di linfociti e interleuchina-2, entrambi componenti importanti della difesa immunitaria [s27]. Una carenza di vitamina B6 può compromettere la funzione immunitaria e portare a vari problemi di salute [s27]. Nelle persone con malassorbimento, ad esempio a causa della celiachia o del morbo di Crohn, l'assunzione di vitamina B6 può essere ridotta, rendendo necessaria un'integrazione [s27]. Oltre alla vitamina D e B6, anche le vitamine A e C sono rilevanti per la funzione immunitaria. La vitamina A regola l'immunità innata e mediata dalle cellule, nonché la produzione di anticorpi [s28]. La vitamina C agisce come antiossidante e può inibire la produzione di mediatori infiammatori (citochine) [s28]. Oltre alle vitamine

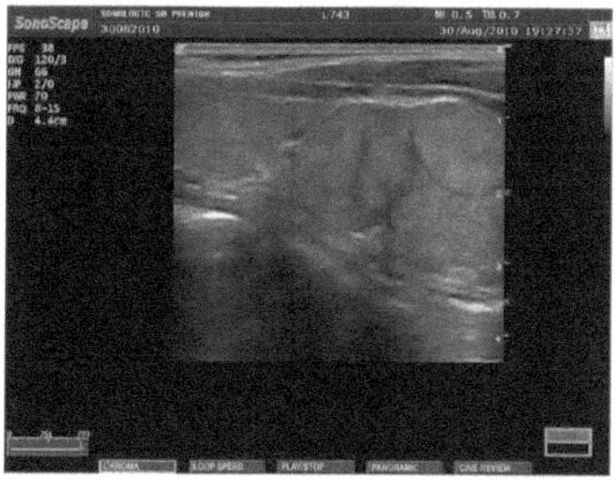

*Tiroidite di Hashimoto* [i16]

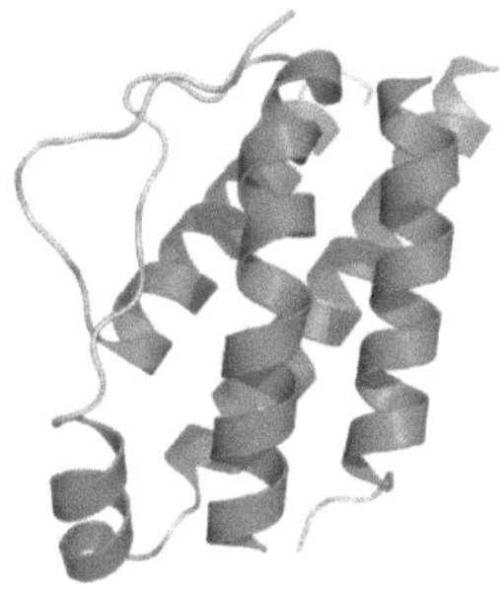

*Interleuchina-2* [i17]

menzionate, anche la melatonina e la vitamina B12 giocano un ruolo nelle malattie autoimmuni. La melatonina possiede

proprietà antiossidanti e può modulare la risposta immunitaria [s29]. È stata osservata una carenza di vitamina D e melatonina nei pazienti con tiroidite di Hashimoto, suggerendo un possibile legame con l'insorgenza della malattia [s29]. La vitamina B12 è, insieme al ferro e all'acido folico, importante per la formazione del sangue e può contribuire a prevenire l'anemia nei pazienti con Hashimoto [s30]. Una dieta priva di glutine, spesso raccomandata nelle malattie autoimmuni, può compromettere l'assorbimento della vitamina D [s30]. Pertanto, è importante controllare regolarmente i livelli di vitamina D in una dieta priva di glutine e integrare se necessario.

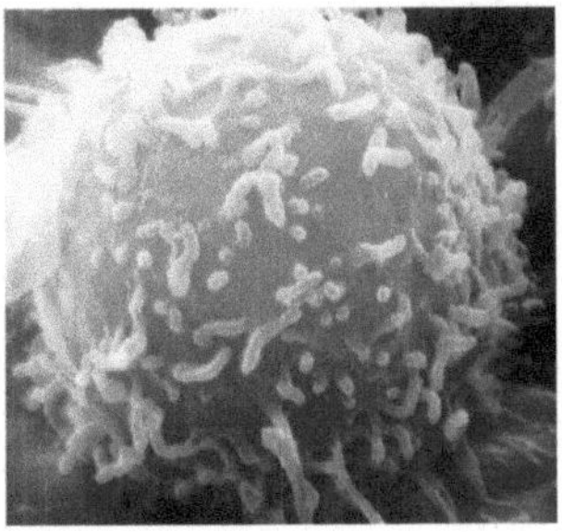

*Linfocita* [i18]

## Utile sapere

**Dieta priva di glutine**

È un regime alimentare che esclude il glutine, una proteina presente nel grano, segale e orzo. È spesso raccomandata per la celiachia e altre intolleranze al glutine e può alleviare i sintomi in alcune malattie autoimmuni. Tuttavia, una dieta priva di glutine può compromettere l'assorbimento di alcuni nutrienti, come la vitamina D.

**Linfociti**

Sono un tipo di globuli bianchi che svolgono un ruolo importante nel sistema immunitario. Riconoscono e combattono i patogeni e giocano un ruolo chiave nell'insorgenza e nel decorso delle malattie autoimmuni.

**Tiroidite di Hashimoto**

È una malattia autoimmune in cui la tiroide è attaccata dal proprio sistema immunitario. Una carenza di alcuni nutrienti, come la vitamina D e la melatonina, può essere correlata all'insorgenza e al decorso della malattia.

## Importanza dei micronutrienti nelle malattie autoimmuni

Confronto tra l'assunzione giornaliera raccomandata e il potenziale bisogno nelle condizioni autoimmuni

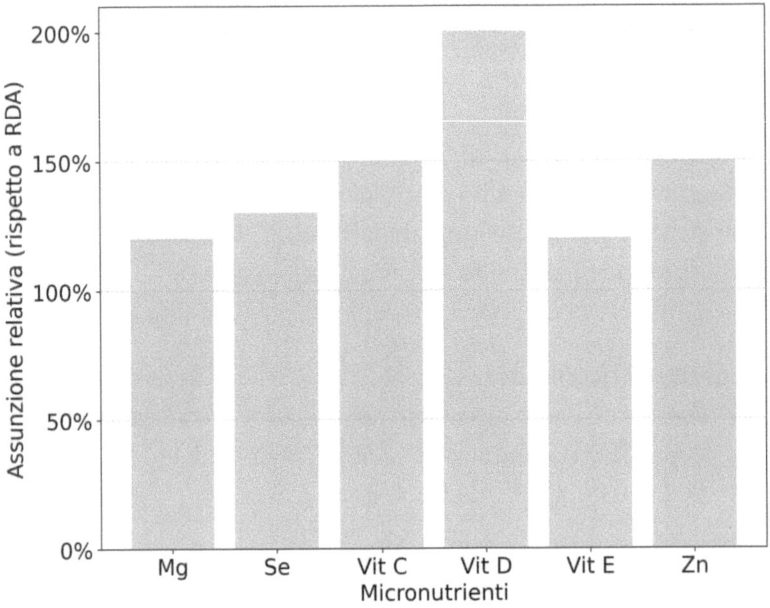


Mag: Magnesio

Sel: Selenio

Vit C: Vitamina C

Vit D: Vitamina D

Vit E: Vitamina E

Zin: Zinco

Questo grafico evidenzia il potenziale aumento del fabbisogno di alcuni micronutrienti negli individui con malattie autoimmuni. Mentre le RDA generali forniscono una base, affrontare le condizioni autoimmuni può richiedere un maggiore apporto di specifiche vitamine e minerali per supportare la funzione immunitaria e la salute generale. Consultare un professionista sanitario o un dietologo registrato per determinare i livelli di assunzione appropriati in base alle esigenze individuali.

## Sostanze vegetali secondarie

Le sostanze vegetali secondarie, note anche come fitochemici, sono sostanze bioattive presenti in frutta, verdura, erbe e spezie. Non sono essenziali per la sopravvivenza, ma possono influenzare positivamente la salute, in particolare nelle malattie autoimmuni. I fitochemici esercitano la loro azione, tra l'altro, attraverso il recettore degli arilidrocarburi (AhR) [s31] [s32]. Questo recettore è coinvolto nella regolazione del sistema immunitario e può essere modulato attraverso il legame con determinate sostanze. Studi dimostrano che diversi fitochemici, tra cui flavonoidi, chalcone e alcaloidi, mostrano una forte affinità per l'AhR, anche dopo il loro metabolismo nel corpo (biotrasformazione) [s31] [s32]. Attraverso l'assunzione regolare di queste sostanze tramite l'alimentazione, è possibile influenzare l'AhR in modo tale da inibire lo sviluppo di malattie autoimmuni [s31] [s32]. Una dieta varia con abbondanza di alimenti vegetali – ad esempio cinque porzioni di verdura e due porzioni di frutta al giorno – fornisce un'ampia gamma di fitochemici e supporta così la salute. La scelta dovrebbe essere il più colorata possibile, poiché colori diversi indicano fitochemici diversi. Ad esempio, le bacche contengono antociani, che hanno un'azione antiossidante, mentre le carote sono ricche di carotenoidi, che supportano la vista.

*Carotenoidi* [i19]

## Utile sapere

**Biotrasformazione**

La trasformazione di sostanze nel corpo, ad esempio dei fitochemici, che può influenzare la loro azione sul corpo, in particolare nel contesto delle malattie autoimmuni.

**Carotenoidi**

Pigmenti presenti in frutta e verdura che hanno proprietà antiossidanti. Possono contribuire a ridurre le infiammazioni che giocano un ruolo nelle malattie autoimmuni.

**Recettore degli arilidrocarburi**

Un recettore nel corpo coinvolto nella regolazione del sistema immunitario e che può essere influenzato da determinati fitochemici, il che potrebbe inibire lo sviluppo di malattie autoimmuni.

**Sostanze vegetali secondarie**

Possono ridurre le infiammazioni e modulare il sistema immunitario, il che può essere vantaggioso nelle malattie autoimmuni.

## Biodisponibilità dei Fitonutrienti nelle Malattie Autoimmuni

Biodisponibilità e concentrazione dei fitonutrienti e il loro impatto sul fabbisogno di nutrienti nelle malattie autoimmuni.

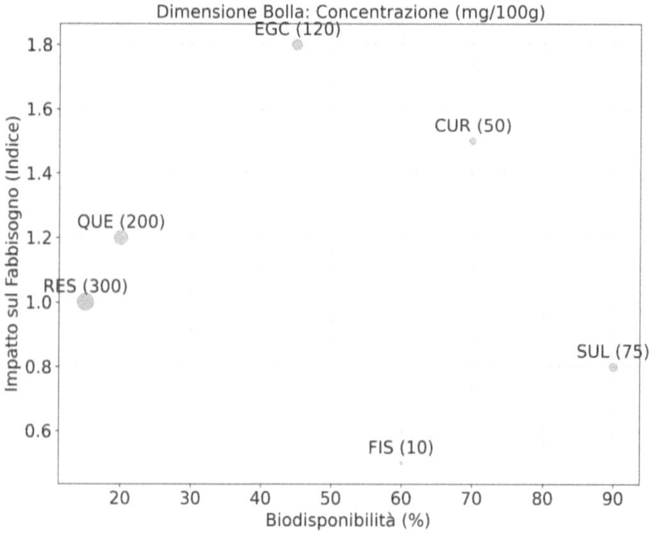


Blasengröße: Concentrazione (mg/100g)

| | |
|---|---|
| CUR: Curcumina | EGC: EGCG (Tè Verde) |
| FIS: Fisetina | QUE: Quercetina |
| RES: Resveratrolo | SUL: Sulforafano |

Questo grafico evidenzia la complessa interazione tra la concentrazione dei fitonutrienti, la biodisponibilità e il loro impatto sul fabbisogno di nutrienti nelle persone con malattie autoimmuni. Un'elevata biodisponibilità combinata con un impatto positivo sul fabbisogno di nutrienti suggerisce che questi fitonutrienti dovrebbero essere privilegiati. Al contrario, una bassa biodisponibilità, anche con un impatto positivo, può richiedere un apporto maggiore o strategie alternative per massimizzare l'assorbimento. La dimensione delle bolle indica la concentrazione complessiva del fitonutriente nelle fonti alimentari comuni, fornendo un contesto per le raccomandazioni dietetiche. Questi dati sottolineano l'importanza di considerare sia la biodisponibilità che la concentrazione quando si elaborano piani nutrizionali per la gestione delle malattie autoimmuni.

**Consigli concreti**

- Sfrutta gli effetti sinergici dei nutrienti: combina ad esempio alimenti ricchi di ferro con quelli contenenti vitamina C per migliorare l'assorbimento del ferro.
- Crea una lista di nutrienti personalizzata per la tua specifica malattia autoimmune, ricerca quali nutrienti sono particolarmente rilevanti e integra gli alimenti corrispondenti nel tuo piano alimentare.
- Immergiti nel mondo delle tisane: alcune tisane, come ad esempio il tè di ortica, possono supportare l'equilibrio minerale.
- Fai controllare regolarmente i tuoi livelli di nutrienti per adottare misure mirate e riconoscere precocemente eventuali carenze.
- Cucina con acqua ricca di minerali: utilizza ad esempio acqua potabile filtrata o acqua minerale naturale con un alto contenuto di magnesio e calcio.
- Germina legumi e cereali: attraverso la germinazione aumenta la biodisponibilità dei nutrienti contenuti.
- Investi in un frullatore di alta qualità: in questo modo potrai preparare frullati e zuppe ricchi di nutrienti che facilitano l'assorbimento.
- Utilizza erbe e spezie essiccate in modo delicato durante la cottura per preservare il contenuto di nutrienti.
- Integra regolarmente noci e semi nella tua alimentazione: sono ricchi di minerali e vitamine importanti che supportano il sistema immunitario.
- Fai attenzione alla corretta conservazione degli alimenti per minimizzare le perdite di nutrienti.
- Punta sulla varietà alimentare: più colorato è il tuo piatto, maggiori sono le possibilità di assumere tutti i nutrienti essenziali.

## Revisione - 1. Fondamenti dell'alimentazione autoimmune

La nutrizione gioca un ruolo cruciale nelle malattie autoimmuni. Non solo influisce sulla disponibilità di nutrienti essenziali per le cellule immunitarie, ma anche sulla composizione della flora intestinale e, di conseguenza, sulla risposta immunitaria complessiva. Un cambiamento mirato nella dieta può aiutarti a ridurre le infiammazioni, migliorare la salute intestinale e alleviare i sintomi. Tuttavia, il percorso verso una nutrizione ottimale per le malattie autoimmuni è individuale e richiede una comprensione dei meccanismi sottostanti.

Un punto di partenza importante è il rafforzamento della salute intestinale. Il tuo intestino ospita gran parte del tuo sistema immunitario e interagisce strettamente con la flora intestinale. Una dieta squilibrata può portare a una disbiosi, un'alterazione della flora intestinale, che favorisce le infiammazioni. Per influenzare positivamente la tua flora intestinale, dovresti prestare attenzione a una dieta ricca di fibre, con molta frutta, verdura e alimenti fermentati. I probiotici, presenti in alimenti fermentati come yogurt o crauti, possono promuovere la crescita di batteri utili. I prebiotici, come le fibre in frutta, verdura e cereali integrali, servono come nutrimento per questi batteri. Fai attenzione anche agli alimenti che potrebbero causarti disagio, come gonfiore o dolori addominali, e prova a eliminarli temporaneamente dalla tua dieta.

Alimenti antinfiammatori possono anche aiutarti a gestire la tua malattia autoimmune. Questi alimenti forniscono nutrienti che intervengono direttamente nel metabolismo infiammatorio. I composti vegetali bioattivi presenti in frutta e verdura possono, ad esempio, inibire l'attività di enzimi pro-infiammatori. Gli antiossidanti proteggono le tue cellule dai danni causati dai radicali liberi, che favoriscono i processi infiammatori. Gli acidi grassi omega-3, che si trovano ad esempio nel pesce grasso, nei semi di lino e nei semi di chia, hanno anche un effetto antinfiammatorio. Regimi alimentari come la dieta mediterranea o una dieta paleo-orientata possono servirti da ispirazione. Tieni presente, tuttavia, che una dieta paleo rigorosa può portare a carenze nutrizionali. Integra quindi i principi di queste diete in modo flessibile nella tua vita quotidiana e assicurati di avere un'adeguata assunzione di tutte le vitamine e i minerali essenziali.

Attuare una dieta autoimmune può essere impegnativo. Inizia con piccoli passi e concentrati inizialmente sull'integrazione di alimenti amici dell'intestino e antinfiammatori nella tua dieta. Tieni un diario alimentare per identificare i possibili alimenti scatenanti. Non esitare a chiedere supporto professionale. Un nutrizionista può aiutarti a sviluppare una strategia alimentare personalizzata, adattata alle tue esigenze specifiche e alla tua malattia autoimmune. Con pazienza, perseveranza e il giusto approccio, puoi influenzare positivamente la tua alimentazione e migliorare in modo sostenibile la tua qualità della vita. Il percorso verso un maggiore benessere inizia con ciò che fornisci al tuo corpo.

## 2. Applicazione pratica nella vita quotidiana

Come si può integrare un'alimentazione salutare nella frenetica vita quotidiana? Il percorso verso un'alimentazione compatibile non inizia solo ai fornelli, ma già nella pianificazione e preparazione. Con le giuste strategie e strumenti, le complesse indicazioni nutrizionali diventano una routine praticabile. Questo capitolo presenta soluzioni concrete per le sfide tipiche - dalla lista della spesa al piatto pronto. Scoprite come le conoscenze teoriche possano trasformarsi in pratiche vivibili.

## 2. 1 Pianificazione dei pasti

La progettazione ottimale dei pasti per le malattie autoimmuni presenta molte sfide. È necessario considerare le tolleranze individuali, il fabbisogno nutrizionale e l'evitamento di alimenti infiammatori. Allo stesso tempo, il piano alimentare deve essere vario e pratico per mantenere la motivazione a lungo termine. Questo riguarda in egual modo colazione, pasti principali e spuntini. Diverse forme di alimentazione, come la dieta carnivora o mediterranea, offrono spunti, ma possono anche comportare delle limitazioni. La scelta degli alimenti giusti e le combinazioni oculate sono decisive per il successo della terapia. Scoprite in questo capitolo come pianificare efficacemente i vostri pasti e adattarli in modo gustoso alle vostre esigenze individuali.

*Una pianificazione dei pasti ben ponderata, che considera colazione, pasti principali e spuntini, è la chiave per una riuscita attuazione di una dieta autoimmune nella vita quotidiana.*

## Varianti per la colazione

Una colazione varia è essenziale all'interno di una dieta autoimmune o di una dieta nutrizionale per garantire un adeguato apporto di nutrienti e mantenere la motivazione a lungo termine [s33]. Non si tratta solo di assunzione di cibo, ma anche della tolleranza individuale degli alimenti. Diversi profili nutrizionali contribuiscono a prevenire carenze e a supportare il corpo in modo ottimale. Soprattutto in regimi alimentari restrittivi, come la dieta carnivora, le variazioni nella colazione offrono la possibilità di rendere interessante il piano alimentare nonostante una selezione limitata di cibi [s34]. Ad esempio, possono essere utilizzate diverse combinazioni di uova, carne e grassi per creare varietà e allo stesso tempo soddisfare il fabbisogno di nutrienti essenziali. La dieta carnivora, che si basa esclusivamente su prodotti animali, dimostra come anche con pochi alimenti di base si possano creare pasti vari. Il fegato, integrato nella colazione, può coprire il fabbisogno di micronutrienti come ferro e folato [s34]. Le uova sono in questo contesto un alimento prezioso, poiché non solo rappresentano una fonte proteica economica [s35], ma consentono anche diverse modalità di preparazione. Possono aumentare il fabbisogno di nutrienti che spesso mancano nella dieta [s35]. La sensazione di sazietà dopo il consumo di uova può ridurre

*Uova* [i20]

*Olio di cocco* [i21]

l'assunzione di cibo nei pasti successivi e quindi supportare la gestione del peso [s35]. La combinazione di uova con altri alimenti – come spinaci in una dieta autoimmune o carne grassa in una dieta carnivora – ottimizza l'assunzione di nutrienti e promuove una dieta equilibrata, in particolare per le persone con un fabbisogno nutrizionale elevato [s35]. Un esempio di colazione all'interno di una dieta autoimmune sarebbe uova strapazzate con spinaci e un po' di olio di cocco. Grazie agli spinaci, si assumono vitamine e minerali aggiuntivi, mentre l'olio di cocco fornisce grassi sani e supporta l'assorbimento delle vitamine liposolubili. Tali combinazioni consentono un adattamento individuale della colazione alla specifica forma alimentare e alle esigenze personali.

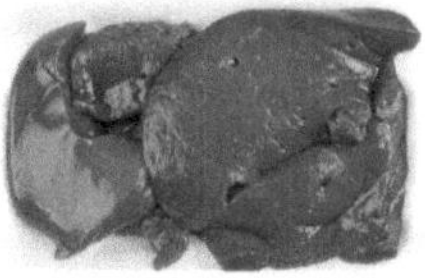

*Fegato* [i22]

*Spinaci* [i23]

## Utile sapere

**Dieta autoimmune**

Un piano alimentare che mira a ridurre l'infiammazione e a modulare il sistema immunitario per alleviare i sintomi delle malattie autoimmuni. Spesso implica l'evitamento di determinati gruppi alimentari considerati infiammatori, come glutine, latticini o piante della famiglia delle solanacee.

**Dieta carnivora**

Una forma di alimentazione che si basa esclusivamente sul consumo di prodotti animali come carne, pesce, uova e alcuni latticini, escludendo completamente gli alimenti vegetali. Nel contesto della nutrizione autoimmune, può contribuire ad alleviare i sintomi in alcune persone, ma richiede una pianificazione attenta per evitare carenze nutrizionali.

**Micronutrienti**

Nutrienti essenziali di cui il corpo ha bisogno in piccole quantità, come vitamine e minerali. Svolgono un ruolo importante in diverse funzioni corporee, tra cui il sistema immunitario, il metabolismo e la salute cellulare. Nella pianificazione dei pasti, è importante considerare un adeguato apporto di micronutrienti per prevenire carenze.

**Composizione ottimale della colazione per l'autoimmunità**

Rappresentazione visiva di una colazione equilibrata per l'autoimmunità.

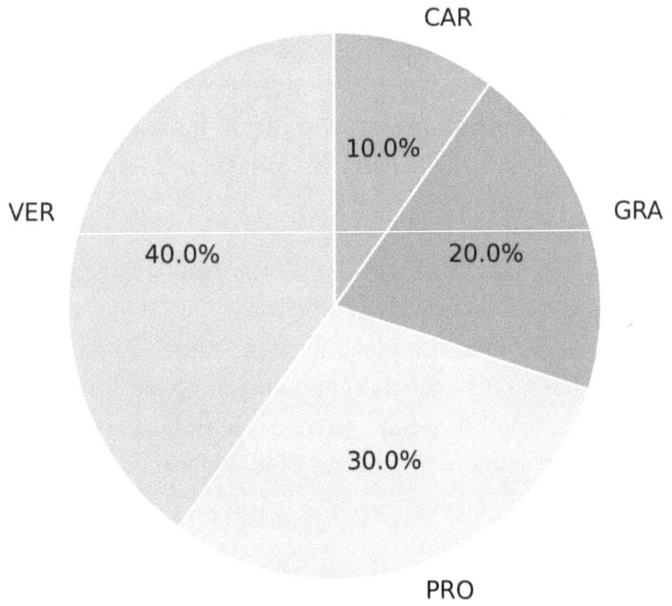


CAR: Carboidrati complessi (es. patate dolci, quinoa)

GRA: Grassi sani (es. avocado, olio d'oliva, olio di cocco)

PRO: Proteine (es. uova, pesce, noci, semi)

VER: Verdure non amidacee (es. verdure a foglia verde, spinaci, peperoni)

Questo grafico evidenzia l'importanza di una colazione equilibrata per le persone con malattie autoimmuni. Una parte significativa è dedicata alle verdure ricche di nutrienti, a indicare il loro ruolo cruciale nel fornire vitamine, minerali e fibre. Anche le fonti proteiche sono sostanziali, contribuendo alla sazietà e supportando la massa muscolare. I grassi sani svolgono un ruolo vitale nella regolazione ormonale e nella funzione cellulare. Sebbene una porzione minore sia dedicata ai carboidrati amidacei, è importante scegliere carboidrati complessi che forniscano energia a lungo termine e riducano al minimo i picchi di zucchero nel sangue. Questo approccio equilibrato aiuta a gestire l'infiammazione e supporta il benessere generale.

## Pasti principali

A pranzo e cena, i pasti principali offrono l'opportunità di fornire al corpo nutrienti essenziali e di considerare le esigenze di una dieta autoimmune. Gli aspetti antinfiammatori sono al centro dell'attenzione. Gli acidi grassi Omega-3, abbondanti nel pesce grasso come il salmone o lo sgombro, supportano questo approccio. Un pranzo a base di salmone grigliato, broccoli e quinoa fornisce nutrienti preziosi e acidi grassi Omega-3. Invece di carne rossa e grassi saturi, associati a un aumento del rischio di artrite reumatoide, è consigliabile integrare regolarmente alimenti vegetali ricchi di fibre, come verdure, frutta e cereali integrali, nei pasti principali [s36]. Le fibre promuovono una flora intestinale sana, che a sua volta può avere effetti antinfiammatori. Anche la mediterrane_ernaehrungsweise, basata su abbondanza di frutta, verdura, cereali integrali e grassi sani, ha effetti positivi sull'artrite reumatoide [s36]. Inoltre, è consigliabile ridurre le bevande zuccherate e l'assunzione di sale. Una cena a base di petto di pollo, insalata mista e verdure al forno offre un apporto equilibrato di nutrienti e evita al contempo componenti sfavorevoli. Attraverso la corretta composizione dei pasti principali, tenendo conto delle esigenze individuali, è possibile adattare efficacemente la dieta a una dieta autoimmune.

Utile sapere

**Artrite reumatoide**

Una malattia articolare cronica infiammatoria, caratterizzata da dolore, gonfiore e rigidità nelle articolazioni. L'alimentazione gioca un ruolo importante nel trattamento e nel sollievo dei sintomi.

## Rapporto Macronutrienti per Pasti Autoimmuni-Compatibili

Distribuzione ideale dei macronutrienti per i pasti principali.

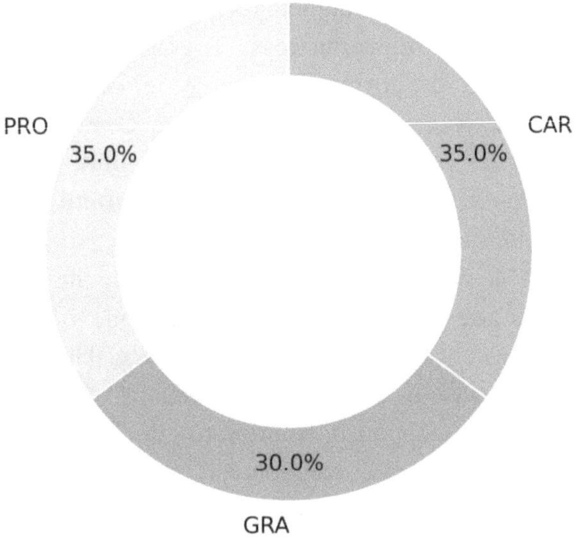


- CAR: Carboidrati Complessi (es. verdure, frutta)
- GRA: Grassi Sani (es. avocado, olio d'oliva, noci)
- PRO: Proteine (es. carni magre, pesce, legumi)

Questo grafico visualizza un rapporto equilibrato di macronutrienti che enfatizza cibi integrali. La porzione significativa di proteine supporta la riparazione dei tessuti e la sazietà. Il moderato contenuto di grassi fornisce energia sostenuta e supporta la produzione di ormoni. La porzione controllata di carboidrati si concentra su carboidrati complessi provenienti da verdure e frutta, riducendo al minimo i picchi di zucchero nel sangue e promuovendo la salute dell'intestino. Questo rapporto può essere adattato in base alle esigenze e alle tolleranze individuali.

## Spuntini

Gli spuntini possono rappresentare un'aggiunta utile a una dieta mirata alle malattie autoimmuni o alle indicazioni nutrizionali, per mantenere costante il livello di zucchero nel sangue e prevenire attacchi di fame. Una pianificazione attenta di questi spuntini contribuisce in modo decisivo a ottimizzare l'apporto di nutrienti e a considerare le esigenze nutrizionali individuali [s37]. Una selezione mirata di alimenti può non solo soddisfare il fabbisogno di vitamine e minerali, ma anche influenzare positivamente la digestione e aumentare il benessere generale. La frequenza e la composizione degli spuntini devono essere adattate alla rispettiva forma alimentare e al metabolismo personale [s38]. Due o tre spuntini al giorno, ciascuno con 150–300 kcal, possono essere utili a seconda delle necessità [s38]. Pianificando gli spuntini in anticipo, così come i pasti principali, aumenta la probabilità di scegliere alimenti sani e variati [s37]. Una tale pianificazione supporta l'attuazione coerente delle indicazioni nutrizionali e contribuisce a uno stile di vita sano a lungo termine [s37]. Possibili spuntini potrebbero essere una manciata di noci e un pezzo di frutta, oppure un frullato di verdure con un po' di proteine in polvere. Scegliendo correttamente gli spuntini, si possono evitare

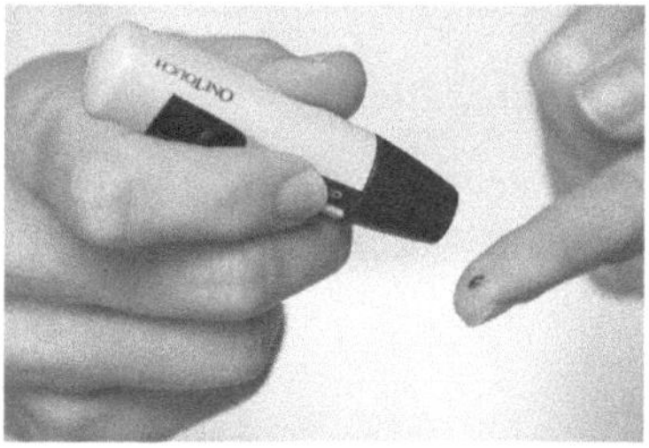

*livello di zucchero nel sangue* [i24]

*Frullato di verdure* [i25]

fluttuazioni nel bilancio energetico e attuare in modo ottimale le indicazioni della terapia nutrizionale individuale.

*Attacchi di fame* [i26]

*Apporto di nutrienti* [i27]

*Proteine in polvere* [i28]

## Utile sapere

### Apporto di nutrienti

Un apporto ottimale di nutrienti è essenziale per un sistema immunitario funzionante e la rigenerazione del corpo. Nelle malattie autoimmuni, è particolarmente importante garantire un'adeguata fornitura di vitamine, minerali e oligoelementi per inibire i processi infiammatori e promuovere la salute. La giusta combinazione di alimenti nei pasti contribuisce a ottimizzare l'apporto di nutrienti.

### Attacchi di fame

Gli attacchi di fame possono verificarsi in una dieta squilibrata e portare a abitudini alimentari poco salutari. Una corretta pianificazione dei pasti, compresi gli spuntini, può prevenire gli attacchi di fame e facilitare il raggiungimento degli obiettivi della terapia nutrizionale.

### Livello di zucchero nel sangue

Il livello di zucchero nel sangue gioca un ruolo importante nelle malattie autoimmuni. Un livello stabile di zucchero nel sangue può ridurre le infiammazioni e supportare il sistema immunitario. Gli spuntini possono contribuire a mantenere costante il livello di zucchero nel sangue e alleviare i sintomi.

## Spuntini Adatti per Diete Autoimmuni

Densità Nutrizionale e Potenziale Antinfiammatorio

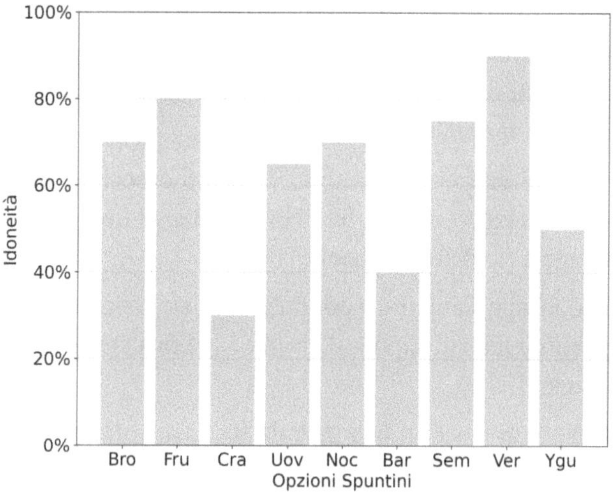


Bar: Barretta Proteica (senza additivi)

Bro: Brodo di Ossa

Cra: Crackers/Chips Senza Glutine

Fru: Frutta a Basso Indice Glicemico (es. frutti di bosco, avocado)

Noc: Noci (es. mandorle, noci)

Sem: Semi (es. chia, lino)

Uov: Uova Sode

Ver: Verdure Non Amidacee (es. carote, sedano)

Ygu: Yogurt (intero, senza zuccheri aggiunti)

Questo grafico evidenzia l'idoneità relativa di vari spuntini per le persone che seguono un protocollo autoimmune. L'enfasi è posta sulla densità dei nutrienti e sulle potenziali proprietà antinfiammatorie. Mentre alcuni spuntini come frutta e verdura offrono ampi benefici, altri come noci e semi sono preziosi per specifici profili nutrizionali. Gli snack trasformati, anche quelli commercializzati come "sani", sono generalmente meno adatti a causa di potenziali ingredienti infiammatori o di un valore nutritivo limitato. La tolleranza individuale può variare, quindi è importante monitorare le reazioni e adattarsi di conseguenza.

**Consigli concreti**

- Trasforma la tua colazione in un'esperienza di gusto: sperimenta combinazioni di spezie insolite come cannella e cardamomo nel porridge o curry nelle uova strapazzate.
- Sfrutta il potere dei colori: immagina i tuoi pasti come un dipinto e scegli alimenti di quante più diverse colorazioni possibile per aumentare la varietà nutrizionale.
- Dai texture ai tuoi piatti: combina alimenti croccanti, cremosi e morbidi in un pasto per rendere l'esperienza culinaria più interessante e favorire la sazietà.
- Mangia consapevolmente e con tutti i sensi: concentrati consapevolmente sul sapore, l'aroma e la consistenza dei tuoi cibi mentre mangi.
- Trasforma ogni pasto in una piccola festa: apparecchia la tavola con cura, anche se mangi da solo, e goditi il tuo pasto in tranquillità.
- Trasforma gli avanzi in nuovi piatti: sii creativo e trasforma le verdure avanzate in una deliziosa zuppa o in un gratin.
- Prova regolarmente nuove ricette: così scoprirai nuovi piatti preferiti e eviterai la noia in cucina.
- Prepara i tuoi pasti insieme ad altri: non solo è divertente, ma favorisce anche lo scambio su una dieta sana.
- Premiati per i tuoi successi: concediti ad esempio una serata di relax o un nuovo libro di cucina.
- Supera te stesso: osa provare nuovi alimenti e metodi di preparazione, anche se finora sei stato scettico.

## 2. 2 Spesa e conservazione delle scorte

Acquisto e gestione delle scorte giocano un ruolo decisivo per il successo di un cambiamento alimentare nelle malattie autoimmuni. La scelta e la conservazione corrette degli alimenti influenzano sia l'apporto di nutrienti che l'attuazione della terapia nutrizionale nella vita quotidiana. In questo contesto, la disponibilità stagionale, la durata di conservazione e l'evitare alimenti pro-infiammatori rappresentano sfide particolari. Scoprite in questo capitolo come affrontare queste sfide e creare una scorta sana e benefica.

*Attraverso una combinazione abile di acquisti stagionali e diverse tecniche di conservazione (congelamento, inscatolamento, essiccazione, fermentazione) è possibile creare una ricca scorta di alimenti antinfiammatori che supportano un'alimentazione adeguata per le malattie autoimmuni durante tutto l'anno.*

## Guida all'acquisto stagionale

L'acquisto stagionale offre numerosi vantaggi per le persone che desiderano una modifica della dieta autoimmune. La frutta e la verdura fresche, raccolte al momento della maturazione naturale, contengono spesso concentrazioni più elevate di vitamine, minerali e composti vegetali secondari. [s39] Questi micronutrienti e composti bioattivi possono rafforzare le difese naturali del corpo e contribuire così ad alleviare le infiammazioni che giocano un ruolo nelle malattie autoimmuni. [s39] Chi integra la zucca nella propria dieta in inverno beneficia della sua ricchezza di beta-carotene, che viene convertito nel corpo in vitamina A e possiede proprietà antiossidanti. Concentrandosi su prodotti stagionali, si promuove la varietà nel piatto, contribuendo così a un apporto equilibrato di nutrienti. Inoltre, i cibi stagionali sono generalmente più economici, poiché i costi di trasporto e stoccaggio sono inferiori. [s39] Percorsi di trasporto brevi significano anche un minore impatto ambientale, poiché si producono meno emissioni di $CO_2$. [s39] Un altro aspetto è il sapore: i prodotti stagionali hanno un sapore più intenso, poiché vengono raccolti al momento giusto e non devono essere trasportati non maturi. Durante l'acquisto al mercato settimanale o direttamente dal contadino, è possibile verificare direttamente la freschezza dei prodotti. Il piano di acquisto stagionale può essere ampliato mediante congelamento o conservazione di determinati frutti e verdure, per beneficiare delle loro proprietà positive anche al di fuori della stagione. Ad esempio, è possibile congelare le bacche in estate per utilizzarle in inverno per frullati o dessert. Pertanto, un acquisto consapevole di alimenti stagionali non solo contribuisce alla propria salute, ma supporta anche i fornitori locali e protegge l'ambiente.

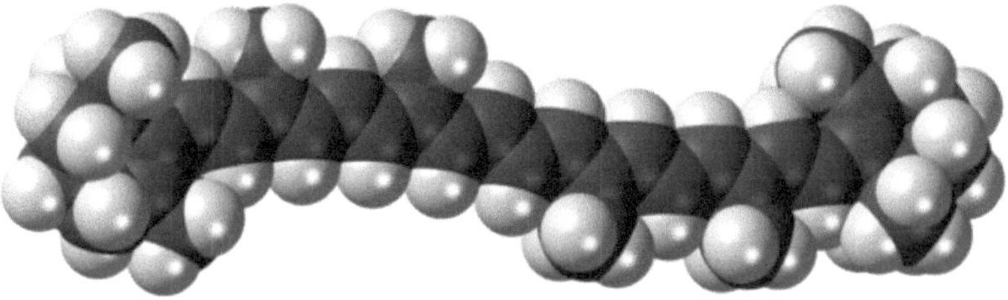

*Beta-carotene* [i29]

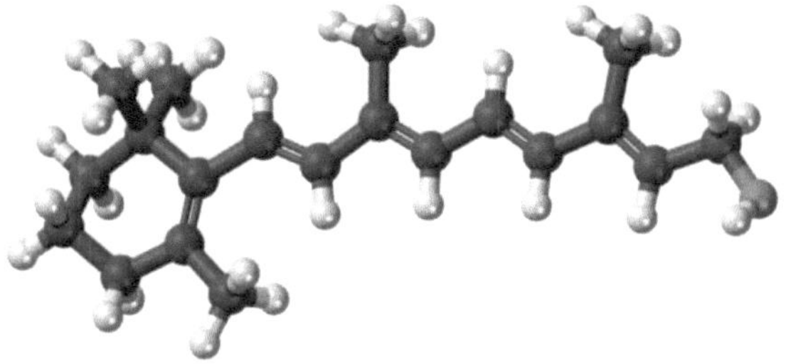

*Vitamina A* [i30]

*Conservare/Mettere sott'olio/sott'aceto* [i31]

*Anidride carbonica* [i32]

## Utile sapere

**Congelamento**

Un metodo di conservazione degli alimenti tramite congelamento, che preserva in gran parte il contenuto nutrizionale e consente di conservare e utilizzare alimenti stagionali per un periodo più lungo.

**Modifica della dieta autoimmune**

Una modifica della dieta che mira a ridurre le infiammazioni e modulare il sistema immunitario attraverso la selezione di determinati alimenti, per alleviare i sintomi delle malattie autoimmuni.

**Prodotti stagionali**

Alimenti raccolti al momento della maturazione naturale, che spesso presentano un contenuto nutrizionale più elevato e un sapore più intenso. L'acquisto di prodotti stagionali supporta i fornitori locali, protegge l'ambiente e promuove una dieta varia.

**Proprietà antiossidanti**

La capacità di sostanze di neutralizzare i radicali liberi nel corpo e prevenire danni cellulari. Gli antiossidanti giocano un ruolo importante nella prevenzione delle malattie croniche e possono essere assunti attraverso il consumo di frutta e verdura stagionali.

## Disponibilità stagionale dei prodotti

Massima disponibilità di alimenti chiave adatti alle malattie autoimmuni.

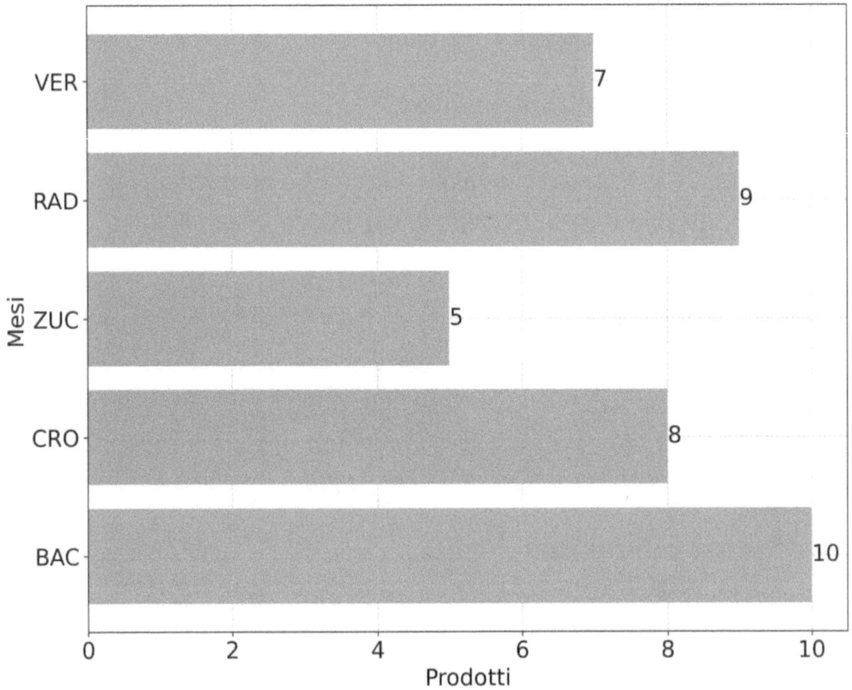


BAC: Verdure a foglia

RAD: Radici

ZUC: Zucca

CRO: Crucifere

VER: Bacche

Il grafico evidenzia i mesi con la maggiore abbondanza di vari prodotti, consentendo alle persone che seguono una dieta autoimmune di dare priorità agli acquisti stagionali per una freschezza e una densità nutrizionale ottimali. Scegliere prodotti di stagione si traduce spesso in una migliore qualità e potenzialmente in costi inferiori.

# Conservazione di alimenti antinfiammatori

Una conservazione ben pianificata è essenziale per una alimentazione antinfiammatoria. L'attenzione dovrebbe essere rivolta a cibi freschi e non lavorati. [s40] Verdure e frutta surgelate offrono un'alternativa pratica ai prodotti freschi e mantengono molte delle loro preziose sostanze nutritive. Legumi secchi, noci e semi sono anche buone opzioni per la conservazione a lungo termine e forniscono importanti proteine, fibre e grassi sani. Nella scelta degli oli, si dovrebbero preferire le varianti spremute a freddo come l'olio d'oliva o l'olio di semi di lino, ricchi di omegafettsaeuren. Questi acidi grassi polinsaturi hanno un effetto positivo sui processi infiammatori nel corpo. Pertanto, una scorta di semi di lino o noci, anch'essi ricchi di acidi grassi Omega-3, può garantire l'approvvigionamento anche al di fuori della stagione per le noci fresche. Alimenti che favoriscono l'infiammazione, come i prodotti lavorati, lo zucchero e l'alcol, dovrebbero invece essere evitati. [s40] Anche la preparazione gioca un ruolo: la bioavailability e quindi l'effetto antinfiammatorio di alcuni ingredienti, come i flavoni, possono essere influenzati dalla preparazione. I flavoni presenti come agliconi vengono assorbiti meglio dal corpo e quindi esprimono il loro pieno effetto.

*Broccoli* [i33]

*Olio di semi di lino* [i34]

[s41] Un piatto con broccoli al vapore (ricco di agliconi flavonici) è quindi più antinfiammatorio di uno con broccoli crudi, che contiene più flavonglicosidi. La selezione e la preparazione mirata degli alimenti consentono di ottimizzare l'effetto antinfiammatorio dell'alimentazione e di beneficiare a lungo termine dei vantaggi per la salute.

*Noce* [i35]

## Utile sapere

**Alimentazione antinfiammatoria**

Uno stile alimentare che mira a ridurre le infiammazioni nel corpo evitando alimenti infiammatori e privilegiando alimenti antinfiammatori. Gioca un ruolo importante nel trattamento delle malattie autoimmuni.

**Bioavailability**

Indica quanto bene un nutriente può essere assorbito e utilizzato dal corpo. Diversi fattori, come la preparazione degli alimenti, possono influenzare la bioavailability.

**Flavonglicosidi**

Flavoni legati a una molecola di zucchero. Questo legame deve essere prima sciolto nell'intestino prima che il corpo possa assorbirli.

### Distribuzione della Conservazione degli Alimenti Antinfiammatori

Distribuzione delle categorie di conservazione degli alimenti antinfiammatori.

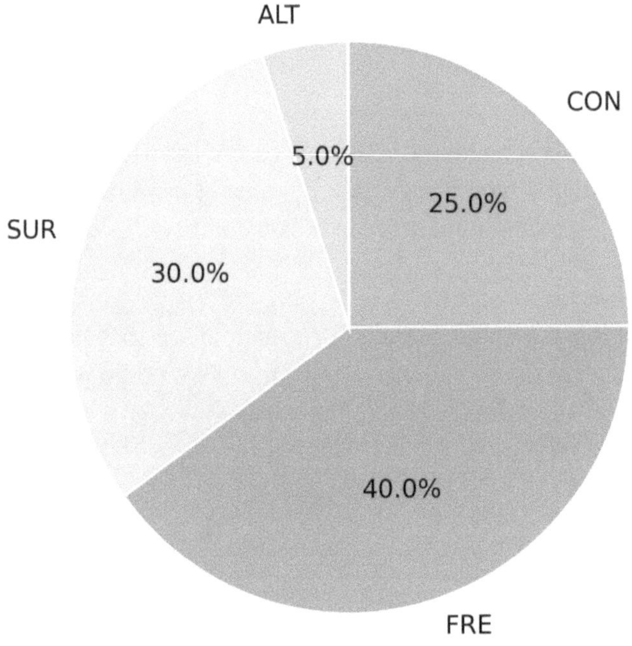


ALT: Altro (Erbe, Spezie, Oli ecc.)

CON: Alimenti Base (Cereali, Legumi, Noci, Semi)

FRE: Prodotti Freschi (Frutta e Verdura)

SUR: Surgelati (Frutta, Verdura e Pasti)

La porzione maggiore riguarda i prodotti freschi, il che riflette l'importanza di vitamine e antiossidanti prontamente disponibili. Gli articoli surgelati costituiscono una sostanziale riserva per prodotti e pasti pronti, garantendo un accesso continuo a ingredienti benefici. Gli alimenti base della dispensa formano una base per la preparazione dei pasti, mentre la categoria più piccola, 'altro', include probabilmente articoli come erbe, spezie e oli speciali, che contribuiscono al sapore e ad ulteriori benefici antinfiammatori.

# Conservazione

*Chutney* [i36]

*Kefir* [i37]

La conservazione degli alimenti offre molteplici opportunità per sfruttare a lungo termine i benefici di una dieta antinfiammatoria e adatta alle malattie autoimmuni. Attraverso adeguate metodologie di conservazione, è possibile catturare i picchi stagionali e garantire la disponibilità di nutrienti preziosi per tutto l'anno. Il congelamento è un metodo particolarmente delicato per preservare vitamine e sekundaere_pflanzenstoffe. I congelatori offrono spazio per bacche, verdure o erbe, mantenendo così la loro freschezza. Il congelamento è adatto, ad esempio, per frutta porzionata per frullati o verdure per zuppe. La conservazione in barattolo, un metodo tradizionale di conservazione, consente di conservare frutta e verdura in vasetti. Attraverso il riscaldamento, i microrganismi vengono uccisi e gli alimenti resi durevoli. Marmellate, chutney o verdure in scatola fatte in casa ampliano il menu e riducono la necessità di prodotti industrialmente lavorati. L'essiccazione è un altro metodo per prolungare la durata. Frutta, verdura, erbe e funghi possono essere essiccati delicatamente e successivamente conservati in modo ermetico. Gli alimenti essiccati sono eccellenti per la preparazione di zuppe, salse o come snack. Anche la fermentazione, ovvero la fermentazione controllata degli alimenti, è un metodo prezioso per la conservazione e offre ulteriori vantaggi per la salute. Gli alimenti fermentati come crauti, kimchi o kefir contengono probiotici che favoriscono la salute intestinale. Un intestino sano gioca un ruolo importante nel sistema immunitario e può contribuire a ridurre le infiammazioni. In tutte le metodologie di conservazione, è fondamentale prestare attenzione all'igiene per prevenire la crescita di muffe e batteri. Anche la corretta conservazione degli alimenti conservati è cruciale per mantenere la qualità e il contenuto nutrizionale. Fresco, secco e buio sono condizioni ottimali per la maggior parte delle scorte. In questo modo, puoi assicurarti che i tuoi alimenti rimangano a lungo durevoli e sani. Combinando diverse metodologie di conservazione, è possibile creare una scorta varia e sana che costituisce la base per una dieta equilibrata e supporta in modo ottimale gli effetti positivi della terapia nutrizionale.

*Kimchi* [i38]

*crauti* [i39]

## Utile sapere

**Antinfiammatorio**

Nel contesto della dieta autoimmune, antinfiammatorio significa che gli alimenti o le misure contribuiscono a ridurre le infiammazioni croniche nel corpo, spesso associate a malattie autoimmuni.

**Metodologie di conservazione**

Le metodologie di conservazione servono a prolungare la durata degli alimenti. Consentono di gustare alimenti stagionali tutto l'anno e ridurre lo spreco alimentare.

**Terapia nutrizionale**

La terapia nutrizionale utilizza l'alimentazione per trattare o prevenire malattie. Nel contesto delle malattie autoimmuni, mira a ridurre le infiammazioni e regolare il sistema immunitario.

## Ritenzione dei Nutrienti nel Tempo

Perdita di nutrienti in diversi metodi di conservazione degli alimenti nel tempo.

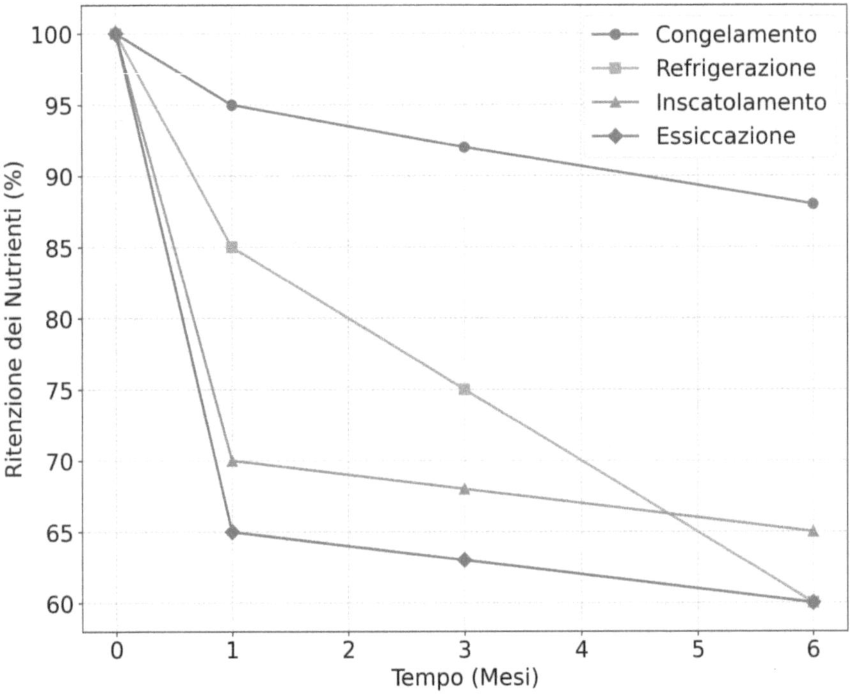


Il congelamento generalmente conserva i nutrienti meglio di altri metodi, soprattutto per periodi più lunghi. La refrigerazione mostra un graduale declino, mentre l'inscatolamento e l'essiccazione subiscono una significativa perdita iniziale, ma poi si stabilizzano. Ciò evidenzia l'importanza di scegliere il metodo di conservazione giusto per alimenti specifici e la ritenzione dei nutrienti desiderata.

**Consigli concreti**

- Organizzate un 'calendario stagionale' che vi aiuti a tenere traccia dell'offerta attuale di frutta e verdura regionale durante la spesa.
- Visitate regolarmente i mercati contadini nella vostra zona e scoprite varietà di verdure sconosciute e antiche varietà di frutta.
- Scambiate informazioni con i venditori del mercato riguardo alla conservazione e preparazione ottimale dei prodotti.
- Organizzate la vostra dispensa in base alla durata e all'uso, per minimizzare gli sprechi alimentari e mantenere sempre il controllo.
- Etichettate gli alimenti congelati con la data e il contenuto, per mantenere l'ordine e utilizzarli in tempo.
- Create un piccolo orto di erbe aromatiche sul balcone o sul davanzale, per avere sempre erbe fresche a portata di mano.
- Sperimentate con la conservazione delle verdure in aceto o olio: in questo modo potrete creare scorte aromatiche e durevoli.
- Preparate grandi quantità di zuppe, stufati o salse e congelatele in porzioni, per avere sempre un pasto sano a disposizione.
- Utilizzate il fine settimana per preparare frutta e verdura di stagione per la settimana, risparmiando così tempo nella vita quotidiana.
- Create un rituale in cui una volta al mese controllate la vostra dispensa e consumate ciò che sta per scadere.
- Trasformate la frutta e la verdura che non sono più fresche per il consumo diretto in frullati, zuppe o purè.
- Asciugate i resti di pane e trasformateli in pangrattato o crostini.

## 2. 3 Tecniche di cucina

Una dieta autoimmune richiede spesso tecniche culinarie speciali. La giusta preparazione preserva nutrienti preziosi e influisce su sapore, consistenza e durata degli alimenti. È necessario affrontare sfide come la perdita di nutrienti a causa del calore o processi che richiedono tempo. Metodi di cottura delicati minimizzano la perdita di vitamine idrosolubili e preservano minerali importanti. Una preparazione efficiente e strategie che fanno risparmiare tempo facilitano l'applicazione nella vita quotidiana. Scoprite in questo capitolo come ottimizzare e godere della vostra dieta autoimmune con le giuste tecniche culinarie.

*Per un'alimentazione ricca di nutrienti nelle malattie autoimmuni, metodi di cottura delicati come la cottura a vapore, la cottura al microonde o il sous-vide sono fondamentali, poiché minimizzano le perdite di vitamine e minerali e migliorano la disponibilità dei nutrienti.*

## Preparazione delicata

La preparazione delicata riduce le perdite di nutrienti e preserva la qualità degli alimenti. In particolare, le vitamine idrosolubili, come la vitamina C, sono sensibili al calore e all'estrazione nell'acqua di cottura [s42]. La cottura a vapore e la cottura al microonde minimizzano queste perdite, poiché il contatto con l'acqua e il tempo di cottura sono ridotti [s42]. Le pareti cellulari delle verdure vengono effettivamente rotte dall'azione del calore, il che aumenta la disponibilità delle vitamine liposolubili, ma il breve tempo di cottura previene perdite maggiori di nutrienti [s42]. Così, il broccolo cotto delicatamente conserva più vitamine rispetto a quello cotto a lungo. Anche il β-carotene beneficia di una preparazione delicata, poiché le pareti cellulari rotte dal calore facilitano l'assorbimento di questo provitamina [s42]. Oltre alla cottura a vapore e alla cottura al microonde, il sous-vide, la cottura in sacchetti sottovuoto a basse temperature, offre ulteriori vantaggi [s43]. Grazie al controllo preciso della temperatura e all'assenza di contatto con l'ossigeno, sapore, consistenza e nutrienti rimangono ottimamente preservati [s43] [s44]. Le verdure cotte sous-vide mantengono così più aroma e vitamine, poiché i nutrienti idrosolubili rimangono nel sacchetto sottovuoto [s43]. Anche la durata di conservazione degli alimenti può essere prolungata grazie al sous-vide, poiché la crescita dei batteri è inibita dalle basse temperature e dalla sottovuoto [s44]. La preparazione delicata della carne, ad esempio tramite cottura a bassa temperatura per lungo tempo, preserva anch'essa i nutrienti e migliora al contempo la tenerezza e il sapore [s45]. La scelta del metodo giusto dipende quindi dagli alimenti e dal risultato desiderato.

*Vitamina C* [i40]

*Cottura al vapore* [i41]

*Cottura a microonde* [i42]

## Utile sapere

### Cottura a bassa temperatura per lungo tempo

La cottura a bassa temperatura per lungo tempo è un metodo di cottura in cui gli alimenti vengono cotti per un periodo prolungato a basse temperature. Questo metodo rende la carne particolarmente tenera e succosa, preservando al contempo i nutrienti. Nelle malattie autoimmuni, questo metodo di cottura può contribuire a migliorare la digeribilità della carne e ottimizzare l'apporto di nutrienti.

### vitamine liposolubili

Le vitamine liposolubili (A, D, E e K) svolgono un ruolo importante in diverse funzioni corporee, tra cui il sistema immunitario, la salute delle ossa e la funzione cellulare. Nelle malattie autoimmuni, un adeguato apporto di queste vitamine è importante per prevenire carenze e supportare la salute.

### Vitamina C

La vitamina C è un importante antiossidante che aiuta nel corpo nella formazione di collagene, nella guarigione delle ferite e nel rafforzamento del sistema immunitario. Nelle malattie autoimmuni, un adeguato apporto di vitamina C può contribuire a ridurre lo stress ossidativo e supportare la funzione immunitaria.

## Ritenzione dei nutrienti nei metodi di cottura

Confronto della ritenzione dei nutrienti in vari metodi di cottura rilevanti per le diete autoimmuni.

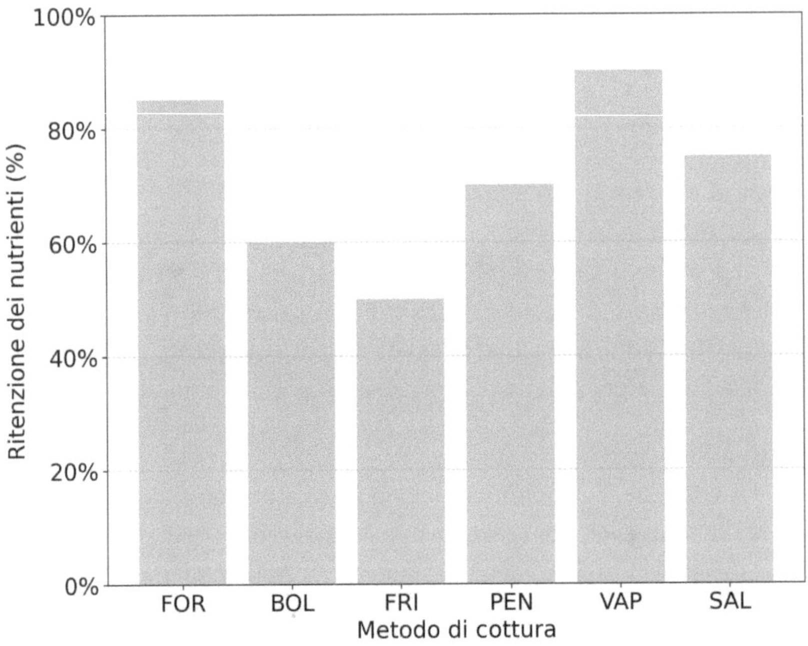


BOL: Bollitura

FRI: Frittura

SAL: Saltato in padella

FOR: Forno

PEN: Pentola a pressione

VAP: Vapore

La cottura a vapore e al forno in genere preservano meglio i nutrienti rispetto alla bollitura o alla frittura. Mentre la cottura a pressione è efficiente, alcune vitamine idrosolubili possono andare perse. La scelta di metodi di cottura appropriati può influire in modo significativo sull'apporto di nutrienti per le persone che gestiscono condizioni autoimmuni.

## Metodi di cottura che preservano i nutrienti

I nutrienti vengono meglio preservati attraverso la scelta del giusto metodo di preparazione. Mentre la cottura prolungata in acqua può portare a significative perdite di vitamine idrosolubili (ad esempio, vitamina C) e minerali, poiché questi passano nell'acqua di cottura [s46], i metodi di cottura alternativi offrono vantaggi. La cottura a vapore mantiene valori nutrizionali comparabili a quelli della cottura convenzionale, in particolare per verdure come il broccolo [s46]. La cottura a microonde può persino migliorare la disponibilità di alcuni nutrienti, come i carotenoidi [s46]. Anche la preparazione in sacchetti sottovuoto (Sous-vide) a basse temperature minimizza le perdite di nutrienti e preserva anche aroma e consistenza [s47]. La preparazione delicata non solo preserva le vitamine, ma influisce anche sul contenuto minerale, ad esempio di potassio e sodio [s46]. Un aspetto importante è evitare temperature eccessive e tempi di cottura prolungati. Attraverso il blanching – un breve tuffo in acqua bollente – è possibile fermare l'attività degli enzimi che portano alla degradazione dei nutrienti, mantenendo al contempo il colore e la consistenza delle verdure. L'acqua di blanching può essere successivamente utilizzata per zuppe o salse, per sfruttare i nutrienti disciolti. Il giusto metodo di cottura contribuisce in modo decisivo all'apporto di nutrienti e offre molteplici possibilità di combinare al meglio sapore e benefici per la salute. È essenziale informare il pubblico sui metodi di preparazione che preservano i nutrienti, al fine di ottimizzare l'assunzione di nutrienti attraverso alimenti vegetali [s48].

*Sbollentare* [i43]

## Utile sapere

**Carotenoidi**

I carotenoidi, come il beta-carotene o il licopene, sono pigmenti liposolubili presenti in frutta e verdura e possiedono proprietà antiossidanti. Possono supportare il sistema immunitario e ridurre le infiammazioni, il che può essere vantaggioso in caso di malattie autoimmuni. Attraverso metodi di cottura delicati, come la cottura a vapore o a microonde, è possibile aumentare la biodisponibilità dei carotenoidi.

**Blanching**

Il blanching è una tecnica culinaria in cui gli alimenti vengono immersi brevemente in acqua bollente e poi raffreddati in acqua ghiacciata. Attraverso il blanching, gli enzimi che accelerano la degradazione dei nutrienti vengono disattivati. Allo stesso tempo, colore, consistenza e importanti nutrienti rilevanti per un'alimentazione autoimmune vengono meglio preservati.

## Ritenzione dei nutrienti nei metodi di cottura

Ritenzione dei nutrienti rispetto al tempo e alla temperatura per vari metodi di cottura.

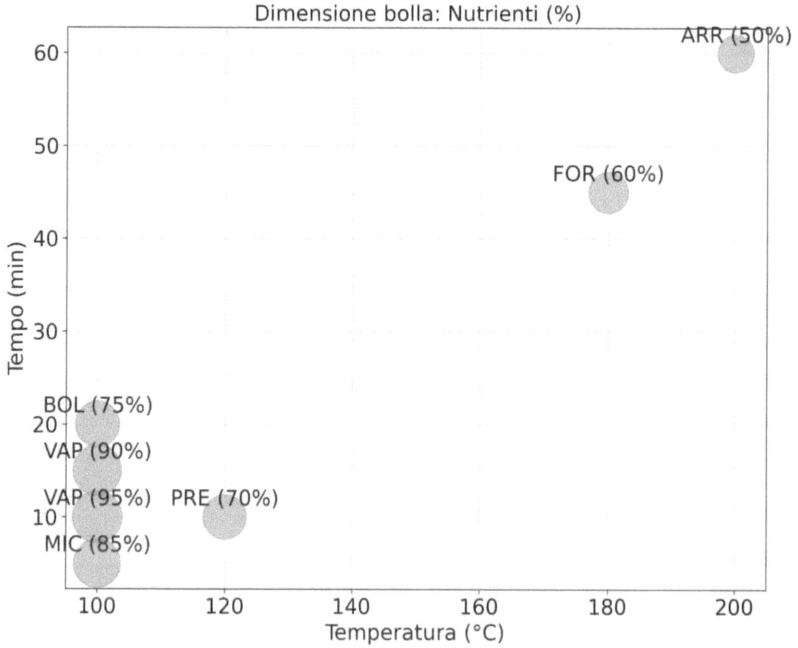


Blasengröße: Nutrienti (%)

| | |
|---|---|
| ARR: Arrosto (manzo) | BOL: Bollitura (verdure) |
| FOR: Cottura al forno (pollo) | MIC: Microonde (verdure) |
| PRE: Cottura a pressione (carne) | VAP: Cottura a vapore (verdure) |

La cottura a vapore e al microonde generalmente preservano più nutrienti grazie ai tempi di cottura più brevi e alle temperature più basse. La bollitura e la cottura a pressione, sebbene efficienti, possono portare a una perdita di nutrienti, in particolare di vitamine idrosolubili. La cottura al forno e la tostatura, con i loro tempi di cottura più lunghi e le temperature più elevate, mostrano il maggiore potenziale di perdita di nutrienti. La scelta del metodo di cottura giusto dipende dallo specifico nutriente e dal risultato desiderato. Per una ritenzione ottimale dei nutrienti, sono generalmente preferibili tempi di cottura più brevi e temperature più basse.

## Preparazione efficiente in termini di tempo

La preparazione efficiente in termini di tempo è un fattore importante per l'implementazione di una dieta autoimmune. Il einfrieren degli alimenti – verdure, frutta, ma anche piatti pronti o salse – risparmia tempo e aumenta la disponibilità di ingredienti sani, anche al di fuori della stagione. [s49] Le verdure surgelate possono essere prelevate in porzioni e lavorate direttamente, senza necessità di lavarle e tagliarle in anticipo. In questo modo, il tempo di preparazione per un pasto si riduce notevolmente. [s49] Anche la preparazione di singoli componenti in anticipo contribuisce all'organizzazione in cucina. I legumi possono essere messi in ammollo durante la notte, le verdure possono essere già tagliate e conservate in frigorifero. [s49] Per uno spuntino veloce, i frullati sono un'ottima scelta: frutta e verdura surgelate sono rapidamente pronte e forniscono nutrienti preziosi. [s49] Un altro aspetto dell'organizzazione efficiente in cucina è la scelta delle ricette. Piatti semplici con pochi ingredienti e tempi di cottura brevi facilitano l'implementazione di una dieta sana nella vita quotidiana. [s49] Tra l'altro, le zuppe sono ideali, poiché possono essere preparate in grandi quantità e congelate in porzioni. Invece di cucinare fresco ogni giorno, si può fare riferimento alle scorte. Anche il pre-cottura di contorni come quinoa o riso per più giorni risparmia tempo e fatica. La combinazione di una pianificazione intelligente, ingredienti preparati e ricette semplici consente una dieta sana e al contempo che fa risparmiare tempo.

*Congelare* [i44]

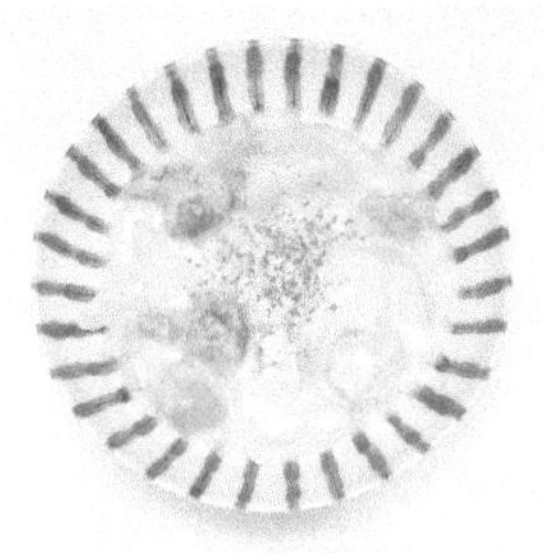

*Zuppe/Minestrone* [i45]

*Preparare i pasti in anticipo* [i46]

## Frullati

I frullati sono un modo veloce e semplice per integrare una varietà di ingredienti nutrienti come frutta, verdura, erbe e fonti proteiche nella dieta autoimmune. Sono particolarmente utili per le persone con problemi digestivi, poiché gli ingredienti sono già frullati e quindi più facili da digerire. I frullati possono contribuire a soddisfare il fabbisogno di nutrienti e a ridurre le infiammazioni.

## Surgelati

Le verdure e la frutta surgelate offrono un'alternativa pratica ai prodotti freschi, in particolare al di fuori della stagione. Sono già lavate, tagliate e sbollentate, il che riduce notevolmente il tempo di preparazione dei pasti nell'ambito di una dieta autoimmune. Grazie al congelamento rapido, molti nutrienti rimangono intatti, contribuendo al supporto della salute intestinale e del sistema immunitario.

## Pre-cottura

La pre-cottura di contorni come quinoa, riso o altri cereali è una strategia che fa risparmiare tempo nella dieta autoimmune. I contorni cotti possono essere conservati in frigorifero e aggiunti rapidamente a un pasto quando necessario. Questo facilita il rispetto delle linee guida alimentari e contribuisce a un apporto regolare di nutrienti.

## Tecniche di cottura efficienti in termini di tempo

Confronto del tempo impiegato per vari metodi di cottura.

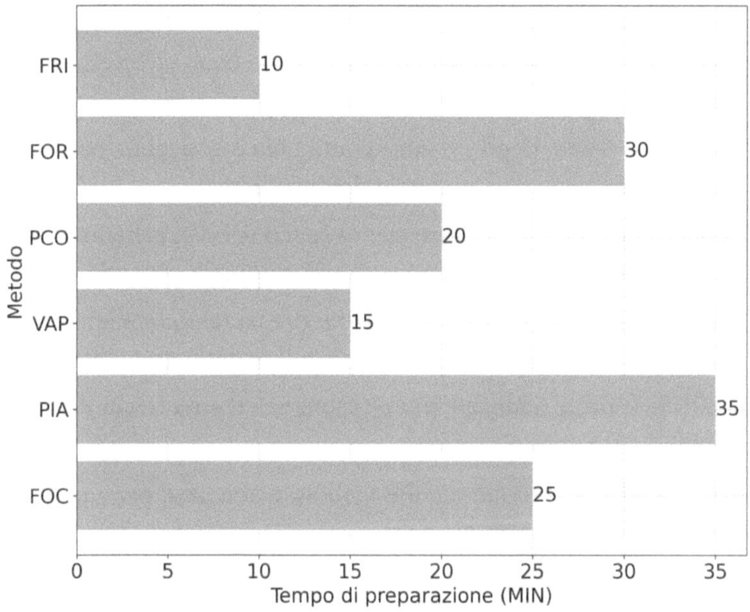


FOC: Fornello

FRI: Frittura ad aria

PIA: Piastra

FOR: Cottura al forno

PCO: Pentola a pressione

VAP: Vapore

Il grafico evidenzia differenze di tempo significative tra i vari metodi di cottura. La cottura a pressione e la cottura lenta si distinguono come opzioni particolarmente efficienti in termini di tempo, mentre metodi come la cottura al forno e la cottura sui fornelli richiedono più tempo attivo. Queste informazioni possono essere preziose per le persone che desiderano ottimizzare il loro tempo in cucina, in particolare quelle che gestiscono malattie autoimmuni e che necessitano di dare priorità al riposo e alla riduzione dello stress.

**Consigli concreti**

- Elaborate i ritagli di verdura come il verde delle carote o il torsolo del broccolo per preparare pesto, zuppe o brodo vegetale.
- Varia le tue tecniche di cottura: rosola le verdure a fuoco vivo invece di cuocerle a vapore per creare aromi di tostatura.
- Sperimenta con combinazioni di spezie insolite nella preparazione delle verdure, come ad esempio la cannella con i cavoletti di Bruxelles o il cardamomo con il cavolfiore.
- Utilizza la scorza degli agrumi: grattugiala e congelala per aromatizzare successivamente dolci o frullati.
- Cuoci le tue verdure nel loro stesso succo in un sacchetto da forno: in questo modo si preservano al meglio aroma e nutrienti.
- Investi in un cuocivapore: così potrai preparare delicatamente più varietà di verdure contemporaneamente, risparmiando tempo.
- Frulla le verdure avanzate per ottenere una crema o una salsa e congelale in porzioni.
- Utilizza l'acqua di cottura delle verdure come base per zuppe o salse, per sfruttare i nutrienti disciolti.
- Metti la frutta e la verdura in acqua fredda per un breve periodo prima del consumo, per rilassare le pareti cellulari e migliorare l'assorbimento dei nutrienti.
- Prepara le tue miscele di spezie e sperimenta con diversi sapori.
- Asciuga erbe e verdure da solo, per conservarle più a lungo e utilizzarle nei tuoi piatti in inverno.

## Revisione - 2. Applicazione pratica nella vita quotidiana

L'implementazione di una dieta autoimmune nella vita quotidiana può sembrare complessa all'inizio, ma con una strategia ben pensata e gli strumenti giusti, questa sfida può essere affrontata con successo. Un primo passo importante è la pianificazione dei pasti: colazione, pranzo, cena e spuntini. Rifletta su quali alimenti le fanno bene e quali dovrebbe evitare. Un diario alimentare può aiutarla a identificare intolleranze e a documentare i suoi progressi. Integra fonti proteiche varie come uova, pesce e, a seconda della sua dieta, anche carne, combinandole con una ricca varietà di verdure, preparate in modo delicato per preservare i nutrienti. Non dimentichi i grassi sani, ad esempio utilizzando olio d'oliva di alta qualità o olio di cocco.

Per ridurre il lavoro in cucina e ottimizzare l'apporto nutrizionale, è consigliabile preparare i pasti in modo efficiente. Cucinare in anticipo e congelare sono strategie preziose. Ad esempio, prepari grandi quantità di stufati, zuppe o salse e porzioni per la settimana. Anche contorni come quinoa o riso possono essere cucinati in anticipo e conservati in frigorifero. Verdure e frutta surgelate sono anche aiutanti pratici nella vita quotidiana e offrono un'alternativa rapida e ricca di nutrienti ai prodotti freschi, specialmente fuori stagione. Sfrutti i vantaggi dei frullati per assumere rapidamente e facilmente una dose extra di vitamine e minerali. Sperimenti con ingredienti diversi e trovi le sue ricette preferite.

I prodotti stagionali e regionali non solo offrono esperienze gustative intense, ma spesso contengono anche una maggiore concentrazione di vitamine e minerali. Visiti il suo mercato locale o fattoria per acquistare alimenti freschi e di alta qualità. Acquistando prodotti stagionali, supporta anche i fornitori locali e contribuisce a uno stile di vita più sostenibile. Sfrutti l'opportunità di conservare gli alimenti stagionali congelandoli, sottoponendoli a sterilizzazione o essiccandoli, in modo da beneficiare dei loro vantaggi per la salute tutto l'anno. Prestare sempre attenzione all'igiene durante la conservazione per garantire la qualità dei suoi alimenti.

La transizione a una dieta autoimmune è un processo che richiede tempo, pazienza e voglia di sperimentare. Non sia troppo severa con se stessa se le cose non vanno secondo i piani. Si concentri su piccoli passi realizzabili e celebri i suoi successi. Una dieta sana è un dono per il suo corpo e contribuisce in modo significativo al suo benessere. Con un atteggiamento positivo e la strategia giusta, trarrà benefici a lungo termine dagli effetti positivi di una dieta autoimmune.

# 3. Scelta degli alimenti

Vi siete mai chiesti perché alcuni alimenti aggravano i vostri disturbi, mentre altri portano sollievo? Nelle malattie autoimmuni, la scelta quotidiana degli alimenti gioca un ruolo cruciale nell'andamento della malattia. Il percorso verso una dieta equilibrata passa attraverso la comprensione di quali cibi supportano il corpo e quali possono danneggiarlo. La scelta giusta degli alimenti può fare la differenza tra una riacutizzazione della malattia e giorni senza sintomi. In questo capitolo scoprirete come ottimizzare la vostra alimentazione in modo mirato, trovando al contempo alternative gustose.

## 3. 1 Alimenti consigliati

La scelta alimentare corretta gioca un ruolo decisivo nelle malattie autoimmuni. Quali alimenti hanno effetti positivi e quali negativi sul corpo e sul sistema immunitario è spesso complesso. Questo capitolo offre una guida pratica per garantire un apporto ottimale di nutrienti e al contempo evitare alimenti che favoriscono l'infiammazione. Scoprite quali verdure, erbe, fonti di proteine e grassi sono particolarmente raccomandate nell'ambito di un'alimentazione autoimmune e come queste possano supportare la vostra salute. Scoprite il potere della giusta alimentazione e prendete in mano la vostra salute.

*Per le persone con malattie autoimmuni è consigliata un'alimentazione varia con molta verdura, frutta, proteine di alta qualità e grassi sani, in particolare acidi grassi omega-3, mentre dovrebbero essere ridotti gli alimenti altamente trasformati, i grassi trans e il consumo eccessivo di carne rossa. È importante considerare la tolleranza individuale degli alimenti.*

## Verdure ed erbe aromatiche

Le verdure e le erbe aromatiche forniscono vitamine, minerali, fibre e composti vegetali secondari che possono avere effetti positivi sul corpo nell'ambito di una dieta autoimmune. Le fibre promuovono la salute intestinale e supportano una flora intestinale sana, che a sua volta influisce sul sistema immunitario. I composti vegetali secondari, tra cui flavonoidi e carotinoide, agiscono come antiossidanti e possono modulare i processi infiammatori nel corpo. Grazie al loro alto contenuto di acqua, molte varietà di verdure, come cetrioli o pomodori, contribuiscono all'idratazione. Un'adeguata assunzione di liquidi è essenziale per numerosi processi metabolici. Una selezione varia di verdure ed erbe aromatiche di diversi colori assicura che venga assunta una vasta gamma di nutrienti. Ad esempio, le verdure a foglia verde, come spinaci o cavolo riccio, contengono molta vitamina K e acido folico, mentre le verdure arancioni, come carote o zucche, sono ricche di beta-carotene. Le erbe aromatiche non solo offrono varietà aromatica in cucina, ma contengono anche ingredienti preziosi. Il rosmarino, ad esempio, possiede proprietà antiossidanti, mentre lo zenzero può avere effetti antinfiammatori. In caso di malattie autoimmuni, è consigliabile preparare le verdure in modo delicato per preservare il contenuto nutritivo. La cottura a vapore o sbollentare sono metodi adatti. Il consumo di verdure crude è anch'esso raccomandato, ma dovrebbe essere adattato individualmente, poiché alcune varietà di crudo possono causare disturbi in determinate malattie autoimmuni. Alcol e additivi alimentari, che si trovano frequentemente negli alimenti trasformati, possono avere effetti infiammatori e dovrebbero essere ridotti o evitati nell'ambito di una dieta autoimmune. Invece, si può focalizzarsi su alimenti freschi e non trasformati, in particolare verdure ed erbe aromatiche, per ottimizzare l'assunzione di nutrienti e supportare il sistema immunitario. Per aumentare la varietà e migliorare l'assunzione di nutrienti, si può ad esempio integrare quotidianamente

un pugno di diverse erbe aromatiche, come prezzemolo, erba cipollina e basilico, nel piano alimentare.
*Riferimento a una fonte sui benefici delle verdure e delle erbe aromatiche per la salute, ad esempio un libro di nutrizione o una pubblicazione scientifica.*
*Riferimento a una fonte sugli effetti dei composti vegetali secondari nelle malattie autoimmuni.*

*Fibre alimentari* [i47]

## Utile sapere

**Antiossidante**

Le sostanze antiossidanti proteggono le cellule del corpo dai danni causati dai radicali liberi. Nelle malattie autoimmuni, lo stress ossidativo è spesso elevato, pertanto il consumo di alimenti con effetto antiossidante è particolarmente importante.

**Flavonoidi**

I flavonoidi, presenti in molti frutti e verdure, possono aiutare a ridurre lo stress ossidativo, che è spesso elevato nelle malattie autoimmuni. Contribuiscono a proteggere le cellule dai danni e possono modulare le infiammazioni.

**Sbollentare**

Sbollentare le verdure, un breve tuffo in acqua bollente, inattiva gli enzimi che accelerano la perdita di vitamine. Aiuta a preservare i nutrienti nelle verdure e migliora la digeribilità, il che può essere vantaggioso nelle malattie autoimmuni.

## Densità Nutrienti di Verdure Selezionate

Confronto dei nutrienti chiave nelle verdure comuni.

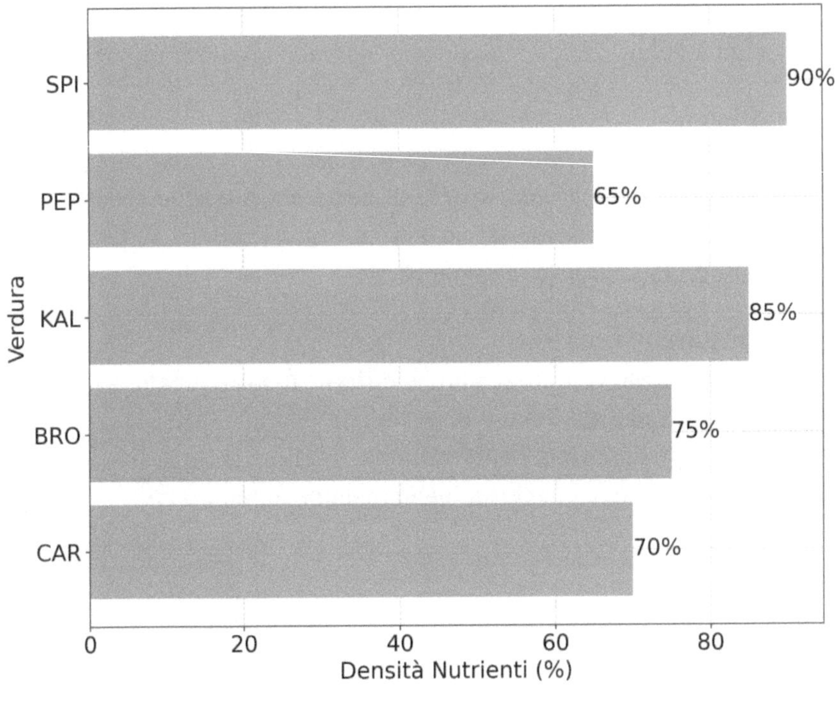


BRO: Broccoli

CAR: Carote

KAL: Cavolo Nero

PEP: Peperone

SPI: Spinaci

Le verdure a foglia verde come spinaci e cavolo nero si distinguono per l'alto contenuto di vitamine e minerali, in particolare vitamina K, vitamina A e folati. Mentre tutte le verdure offrono nutrienti preziosi, le carote sono particolarmente ricche di vitamina A, i peperoni di vitamina C e i broccoli di vitamina C e fibre. Scegliere una varietà di verdure colorate garantisce un apporto nutritivo diversificato.

# Fonti proteiche di alta qualità

Gli alimenti ricchi di proteine sono essenziali per il mantenimento delle funzioni corporee, in particolare del sistema immunitario e della muscolatura. Non è solo la quantità, ma anche la composizione delle proteine a essere rilevante. Le proteine di alta qualità forniscono tutti gli aminoacidi essenziali che il corpo non può produrre autonomamente, in quantità adeguata e in forma biodisponibile [s50]. I prodotti animali come pesce, uova, pollame e latticini sono generalmente considerati fonti proteiche di alta qualità, poiché la loro composizione di aminoacidi si avvicina molto alle esigenze umane [s50]. I pesci grassi, come il salmone o lo sgombro, sono particolarmente raccomandati, poiché contengono anche omegafettsaeuren che possono avere effetti antinfiammatori [s51]. Il consumo di carne rossa dovrebbe, al contrario del pollame, essere limitato a una o due volte al mese [s51]. Oltre ai prodotti animali, ci sono anche numerose fonti proteiche vegetali. I legumi, che includono lenticchie, ceci e diverse varietà di fagioli, forniscono non solo proteine, ma anche fibre, vitamine e minerali [s52] [s53]. Noci e semi, come mandorle, anacardi, semi di chia o di lino, sono anch'essi ricchi di proteine e forniscono acidi grassi preziosi [s52] [s53]. I prodotti a base di soia e i cereali integrali contribuiscono anch'essi all'apporto proteico [s52]. Per ottimizzare la qualità proteica

degli alimenti vegetali, è possibile combinare diverse fonti proteiche. Ad esempio, i legumi e i cereali si completano nella loro composizione di aminoacidi, risultando insieme in un profilo proteico di qualità superiore [s53]. Una dieta varia con fonti proteiche animali e vegetali soddisfa il fabbisogno di aminoacidi essenziali e contribuisce a un'ottimale fornitura di nutrienti. Chi desidera soddisfare principalmente il proprio fabbisogno proteico con alimenti vegetali può ottimizzare il proprio piano alimentare combinando strategicamente diversi gruppi alimentari. Uno stufato di lenticchie con pane integrale fornisce così un profilo di aminoacidi più completo rispetto a qualsiasi alimento da solo.

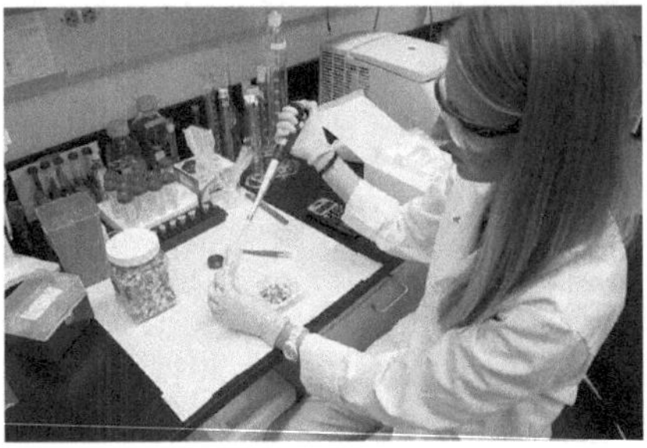

*Profilo proteico* [i48]

## Utile sapere

### Aminoacidi essenziali

Gli aminoacidi essenziali non possono essere prodotti dal corpo e devono quindi essere assunti attraverso l'alimentazione. Sono fondamentali per molte funzioni corporee, inclusa la formazione di proteine, enzimi e ormoni. Un apporto adeguato di aminoacidi essenziali può contribuire a rafforzare il sistema immunitario e ridurre le infiammazioni.

### Fibre

Le fibre sono carboidrati non digeribili che possono promuovere la salute intestinale e influenzare positivamente il sistema immunitario. Contribuiscono a regolare la funzione intestinale, favoriscono la crescita di batteri intestinali utili e possono aiutare a ridurre le infiammazioni nell'intestino, il che può essere vantaggioso nelle malattie autoimmuni.

### Profilo proteico

Il profilo proteico descrive la composizione degli aminoacidi in una proteina. Un profilo proteico completo contiene tutti gli aminoacidi essenziali in quantità adeguate. Combinando diverse fonti proteiche vegetali, come legumi e cereali, è possibile ottenere un profilo proteico completo che fornisce al corpo tutti gli aminoacidi necessari.

## Fonti proteiche ottimali per le diete autoimmuni

Distribuzione proteica raccomandata per individui con malattie autoimmuni.

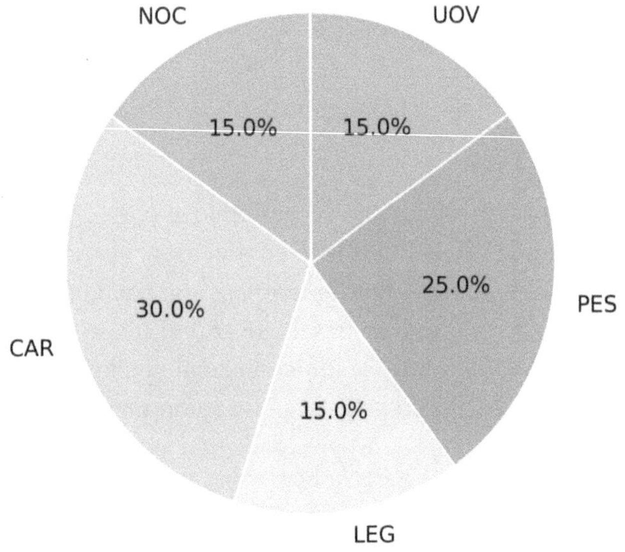


CAR: Carne magra e pollame (ad esempio, pollo, tacchino, manzo)

NOC: Noci e semi (ad esempio, mandorle, noci, semi di chia)

UOV: Uova

LEG: Legumi (ad esempio, lenticchie, fagioli, ceci)

PES: Pesce (ad esempio, salmone, tonno, sardine)

Questo grafico evidenzia l'importanza di diversificare le fonti proteiche in una dieta autoimmune. Le carni magre e il pollame forniscono aminoacidi essenziali, mentre il pesce offre omega-3 antinfiammatori. Le uova sono una fonte proteica completa e le opzioni vegetali come legumi e noci contribuiscono con fibre e altri nutrienti benefici. Questo approccio equilibrato aiuta a garantire un apporto proteico adeguato riducendo al minimo i potenziali fattori scatenanti.

## Fonti di grassi sani

I grassi svolgono un ruolo importante nella dieta autoimmune, con la qualità dei grassi che è fondamentale. Gli acidi grassi insaturi, sia mono che polinsaturi, sono preferiti rispetto ai grassi saturi e ai grassi trans. [s54] Gli acidi grassi monoinsaturi si trovano abbondantemente nell'olio d'oliva, un ingrediente fondamentale della dieta mediterranea, così come nelle noci come le mandorle o i anacardi. [s55] [s56] [s54] Gli acidi grassi polinsaturi, in particolare gli acidi grassi omega-3, si trovano in pesci grassi come il salmone e lo sgombro, ma anche in fonti vegetali come i semi di lino e i semi di chia. [s57] [s58] Questi acidi grassi omega-3 hanno effetti antinfiammatori e possono quindi avere effetti positivi su malattie autoimmuni come l'artrite reumatoide o la sclerosi multipla. [s59] [s58] È auspicabile un rapporto equilibrato tra acidi grassi omega-6 e omega-3, idealmente nell'intervallo di 1:1,80 a 1:5. [s56] [s57] Sebbene gli acidi grassi omega-6 siano anch'essi importanti, un eccesso può promuovere infiammazioni. Pertanto, il consumo di oli vegetali altamente lavorati, che sono spesso ricchi di acidi grassi omega-6, dovrebbe essere ridotto. [s57] Gli avocado rappresentano un'altra fonte di grassi sani. [s55] Nella scelta degli oli, è importante assicurarsi che siano spremuti a freddo e il meno lavorati possibile. [s55] [s54] I grassi trans, che si trovano frequentemente in alimenti fritti e prodotti industrialmente lavorati, dovrebbero essere completamente evitati, poiché aumentano il rischio di infiammazioni e varie malattie. [s54] Gli acidi grassi saturi, che si trovano principalmente in prodotti animali come carne rossa e burro, dovrebbero essere consumati solo in piccole quantità. [s54] Una dieta ricca di acidi grassi insaturi e povera di grassi saturi e trans può contribuire a ridurre le infiammazioni e alleviare i sintomi delle malattie autoimmuni. Chi ad esempio aggiunge un cucchiaio di olio d'oliva alla propria insalata ogni giorno e consuma pesce grasso

due o tre volte a settimana può migliorare l'apporto di acidi grassi preziosi.

### Utile sapere

**Acidi grassi insaturi**

Gli acidi grassi insaturi, sia mono che polinsaturi, hanno effetti antinfiammatori e sono quindi particolarmente raccomandati per le malattie autoimmuni. Contribuiscono a un sistema immunitario sano e possono alleviare i sintomi.

**Acidi grassi monoinsaturi**

Gli acidi grassi monoinsaturi, come quelli presenti nell'olio d'oliva e nelle noci, supportano la salute del cuore e possono ridurre le infiammazioni. Sono un'aggiunta preziosa nella dieta autoimmune.

**Acidi grassi polinsaturi**

Gli acidi grassi polinsaturi, in particolare gli acidi grassi omega-3, sono essenziali per la salute e svolgono un ruolo importante nella regolazione del sistema immunitario. Sono particolarmente importanti nella dieta autoimmune.

**Acidi grassi saturi**

Gli acidi grassi saturi dovrebbero essere consumati solo con moderazione, poiché un eccesso può aumentare le infiammazioni. Nell'ambito di una dieta autoimmune, è consigliabile concentrarsi sugli acidi grassi insaturi.

### Fonti di Grassi Sani per Diete Autoimmuni

Distribuzione di grassi sani.

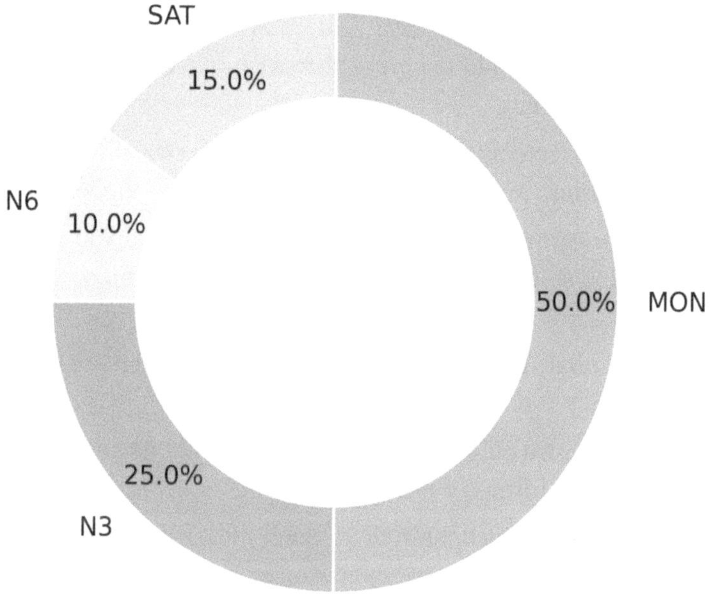


MON: Grassi monoinsaturi (es. olio d'oliva, avocado)

N3: Acidi grassi omega-3 (es. pesce grasso, semi di lino)

N6: Acidi grassi omega-6 (es. noci, semi)

SAT: Grassi saturi (es. olio di cocco, burro da animali allevati al pascolo)

Questo grafico visualizza il bilancio raccomandato di acidi grassi in una dieta su misura per individui con malattie autoimmuni. L'enfasi sui grassi monoinsaturi supporta la riduzione dell'infiammazione, mentre l'inclusione moderata di omega-3 contribuisce ulteriormente ai benefici antinfiammatori e al benessere generale. I grassi saturi sono mantenuti bassi per ridurre al minimo le potenziali risposte infiammatorie. L'assunzione limitata di omega-6 polinsaturi aiuta a mantenere un rapporto equilibrato tra omega-6 e omega-3, fondamentale per la gestione dell'infiammazione. Questo equilibrio è fondamentale per supportare la salute del sistema immunitario.

**Consigli concreti**

- Scoprite il mondo dei germogli: coltivate da soli germogli di crescione, ravanello o broccoli e arricchite i vostri pasti con questi germogli ricchi di nutrienti.
- Ampliate il vostro menù con verdure insolite: provate il topinambur, le pastinache o le radici nere – offrono nuove esperienze di gusto e preziosi nutrienti.
- Integrate alghe come wakame o nori nella vostra alimentazione: queste verdure marine sono ricche di minerali e oligoelementi.
- Utilizzate verdure ed erbe come ingrediente principale dei vostri pasti e non solo come contorno: preparate ad esempio curry, padelle o sformati colorati di verdure.
- Bevete frullati verdi con erbe selvatiche per aumentare l'apporto di vitamine e minerali.
- Create le vostre chips di verdure e frutta: affettate sottilmente e asciugate nel forno o nell'essiccatore.
- Create le vostre spalmabili di verdure: utilizzate ad esempio barbabietole cotte, carote o melanzane come base.
- Preparate il vostro kimchi o crauti per controllare la fermentazione delle verdure e rinunciare agli additivi.
- Scoprite la varietà dei funghi: integrate funghi ostrica, shiitake o champignon nei vostri piatti – sono ricchi di vitamine e minerali.
- Sperimentate con diverse varietà di insalata: oltre alla lattuga, ci sono molte altre varietà come rucola, valeriana o radicchio che arricchiranno i vostri pasti.
- Aggiungete fiori commestibili come calendule o nasturzi a insalate o altri piatti – non solo sono decorativi, ma sono anche ricchi di antiossidanti.

## 3. 2 Alimenti critici

Alimenti possono promuovere infiammazioni e intensificare i sintomi nelle malattie autoimmuni. La dieta occidentale, caratterizzata da cibi lavorati, alto contenuto di zucchero e sale, nonché allergeni e additivi nascosti, comporta dei rischi. Questi fattori rendono difficile l'identificazione dei trigger individuali e l'adattamento mirato della dieta. Scoprite in questo capitolo quali alimenti possono essere problematici e come ottimizzare la vostra alimentazione per migliorare il vostro benessere.

*Nelle malattie autoimmuni, la scelta accurata degli alimenti è fondamentale, poiché sia le carenze nutrizionali che un eccesso di determinati nutrienti, allergeni nascosti e additivi infiammatori negli alimenti trasformati possono aggravare i sintomi.*

## Fattori scatenanti comuni

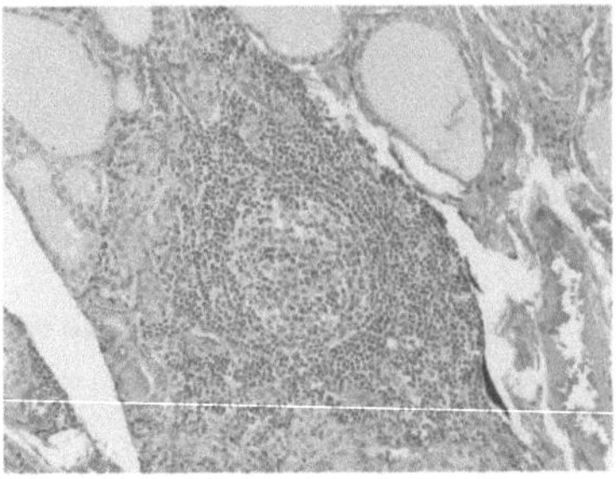

*Tiroidite autoimmune* [i49]

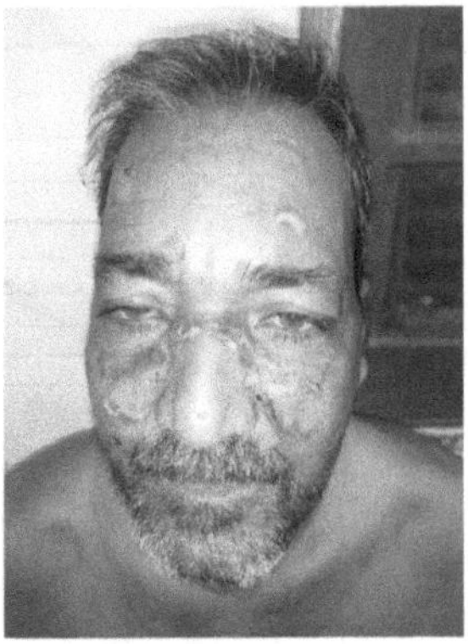

*Pemfigo* [i50]

Gli alimenti possono svolgere un ruolo di fattori scatenanti nelle malattie autoimmuni, intensificando o addirittura scatenando sintomi. La dieta occidentale, caratterizzata da un alto contenuto di grassi saturi, zuccheri e sale, così come da alimenti trasformati e carne rossa, è associata a un aumento del rischio di malattie autoimmuni [s60] [s61]. In particolare, l'elevato consumo di sale può attivare cellule immunitarie pro-infiammatorie e promuovere la differenziazione delle cellule TH17 patogene [s61]. Un consumo eccessivo di carne rossa è anch'esso associato a un aumento del rischio di rheumatoide_arthritis [s62]. Il glutine può agire come antigene in alcune persone, influenzando la risposta immunitaria, in particolare nell'artrite reumatoide e nella celiachia [s63] [s64] [s62]. Oltre a questi fattori comuni, ci sono trigger più specifici che variano a seconda della malattia. Ad esempio, i tioli presenti in vegetali come aglio e cipolla possono scatenare sintomi nei pazienti con pemfigo [s65]. Anche lo iodio può scatenare una tiroidite autoimmune, come la malattia di Hashimoto, in presenza di predisposizione genetica [s63]. Mentre una carenza di mikronaehrstoffen come selenio, ferro o zinco può favorire lo sviluppo di malattie autoimmuni [s66] [s63], un eccesso, come nel caso dello iodio o della vitamina A, può avere effetti negativi [s67]

[s63]. La dieta di eliminazione può essere uno strumento utile per identificare intolleranze e sensibilità alimentari individuali [s62]. In questo approccio, gruppi alimentari potenzialmente problematici vengono rimossi dalla dieta per un certo periodo e poi reintrodotti uno alla volta per osservare la reazione del corpo. Un cambiamento nella dieta che si concentra su alimenti integrali e non trasformati, con un alto contenuto di fibre e un equilibrio tra acidi grassi Omega-3 e Omega-6, può contribuire a ridurre l'infiammazione e supportare il sistema immunitario [s66] [s62]. L'alcol ha una relazione controversa con le malattie autoimmuni, con alcuni studi che suggeriscono un effetto protettivo, mentre altri evidenziano un'associazione negativa [s62]. Un esempio è l'artrite reumatoide, per la quale l'influenza dell'alcol non è ancora chiarita. Considerare questi molteplici fattori può aiutare le persone colpite ad adattare la propria dieta in modo mirato e migliorare il benessere.

## Utile sapere

**Alimenti trasformati**

Gli alimenti trasformati contengono spesso additivi, zuccheri e grassi poco salutari, che possono gravare sul sistema immunitario e promuovere l'infiammazione. Nella dieta autoimmune, si raccomanda di prestare attenzione a cibi naturali e non trasformati.

**Dieta di eliminazione**

La dieta di eliminazione è una strategia alimentare in cui gli alimenti potenzialmente problematici vengono esclusi per un certo periodo e poi reintrodotti uno alla volta per identificare intolleranze individuali.

**Dieta occidentale**

La dieta occidentale, ricca di alimenti trasformati, zuccheri e grassi poco salutari, può promuovere l'infiammazione e aumentare il rischio di reazioni autoimmuni. Nell'ambito di una dieta autoimmune, si consiglia di evitare questo tipo di alimentazione e di puntare su alimenti nutrienti e integrali.

**Tiroidite autoimmune**

La tiroidite autoimmune è un gruppo di malattie autoimmuni che colpiscono la tiroide, come la tiroidite di Hashimoto. In queste malattie, il sistema immunitario attacca la tiroide.

## Alimenti Scatenanti Comuni nelle Malattie Autoimmuni

Frequenza relativa degli alimenti scatenanti

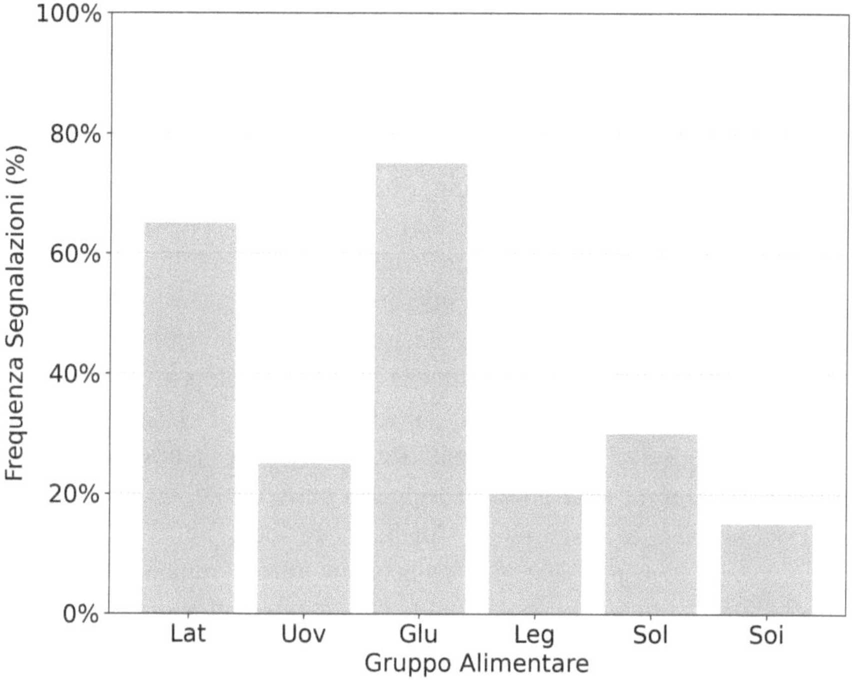


Glu: Glutine

Leg: Legumi

Sol: Solanacee

Lat: Latticini

Soi: Soia

Uov: Uova

Il glutine e i latticini si distinguono come gli alimenti scatenanti più comuni, con un impatto significativo su una percentuale maggiore di individui con malattie autoimmuni. Sebbene anche le solanacee, le uova e i legumi siano fattori scatenanti, interessano una percentuale minore della popolazione. Ciò sottolinea l'importanza di approcci dietetici personalizzati, poiché le reazioni individuali agli alimenti scatenanti possono variare considerevolmente. Concentrarsi sull'eliminazione del glutine e dei latticini può fornire un più ampio sollievo iniziale per molti, mentre ulteriori test individualizzati e diete di eliminazione possono individuare altri fattori scatenanti meno comuni.

## Allergeni nascosti

Gli allergeni nascosti rappresentano una particolare difficoltà per le persone con malattie autoimmuni, poiché possono apparire inaspettatamente negli alimenti trasformati, rendendo difficile l'identificazione dei trigger. Mentre la eliminationsdiaet aiuta a rivelare intolleranze individuali, gli allergeni nascosti possono sabotare questo processo e portare a sintomi persistenti. Latte, uova, grano, soia, noci, pesce e crostacei sono tra gli allergeni nascosti più comuni [s68]. Si trovano spesso in prodotti trasformati, dove non sono sempre chiaramente dichiarati [s69]. Anche piccole quantità di un allergene possono scatenare reazioni in persone sensibili [s69]. È problematico anche il fatto che molti di questi allergeni forniscono nutrienti importanti. Ad esempio, l'assenza di latticini può portare a carenze di calcio e vitamina D [s68]. Lo stesso vale per la soia, un'importante fonte di vari nutrienti, la cui eliminazione limita ulteriormente l'apporto nutrizionale, specialmente in caso di allergia al latte [s68]. Anche noci, pesce e frutti di mare contribuiscono, sebbene in misura minore, all'apporto nutrizionale [s68]. Gli additivi alimentari, come gli emulsionanti, possono influenzare negativamente la barriera intestinale e aumentare la permeabilità dell'intestino [s70]. Ciò può portare a una maggiore facilità con cui gli allergeni, ma anche altri componenti alimentari non digeriti, entrano nel flusso sanguigno e promuovono infiammazioni sistemiche [s70]. Chi, ad esempio, evita i prodotti da forno trasformati per ridurre il glutine, dovrebbe comunque controllare attentamente l'elenco degli ingredienti, poiché questi prodotti possono contenere tracce di uova o noci [s69]. Una selezione mirata di alimenti non trasformati e lo studio accurato delle liste degli ingredienti sono quindi essenziali.

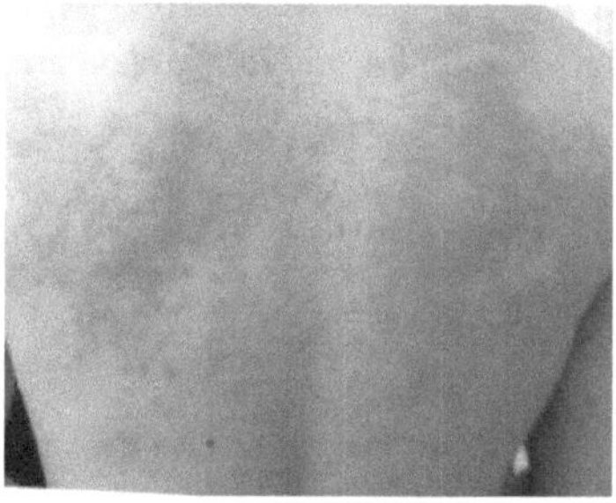

*Allergene alimentare* [i51]

## Utile sapere

**Infiammazioni sistemiche**

Le infiammazioni sistemiche sono infiammazioni che si verificano in tutto il corpo e non sono limitate a un organo o tessuto specifico. Nel contesto delle malattie autoimmuni, le infiammazioni sistemiche possono essere innescate da determinati alimenti e portare a una varietà di sintomi. La modifica della dieta gioca un ruolo importante nella riduzione delle infiammazioni sistemiche.

**Trigger**

I trigger associati alle malattie autoimmuni sono alimenti o sostanze specifiche che possono scatenare o aggravare una reazione immunitaria e i sintomi correlati. L'identificazione e l'eliminazione di questi trigger sono una parte centrale della nutrizione autoimmune, per ridurre le infiammazioni e controllare i sintomi.

## Allergeni nascosti negli alimenti critici

Frequenza, rischio e occultamento di allergeni alimentari comuni.

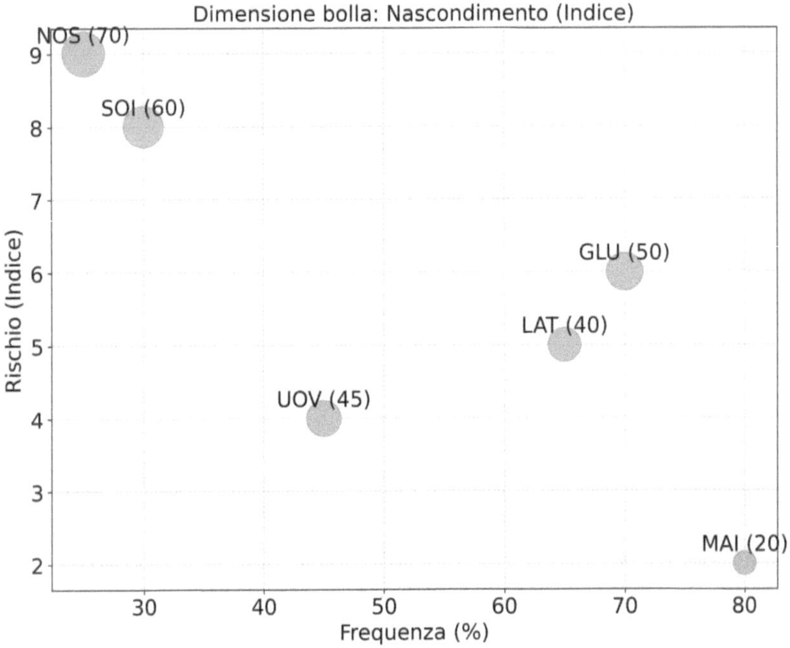


Blasengröße: Nascondimento (Indice)

| | |
|---|---|
| GLU: Glutine | LAT: Latticini |
| MAI: Mais | NOS: Noci |
| SOI: Soia | UOV: Uova |

Glutine e latticini mostrano un'alta frequenza e un rischio moderato, indicando reazioni comuni ma gestibili. Soia e frutta a guscio presentano una frequenza inferiore ma un rischio maggiore, suggerendo reazioni meno comuni ma potenzialmente gravi. Il mais, sebbene frequente, presenta un basso rischio e occultamento, evidenziando il suo potenziale per reazioni lievi non rilevate. Le uova dimostrano una frequenza, un rischio e un occultamento moderati. Nel complesso, il grafico sottolinea l'importanza di considerare sia la frequenza che la gravità nella gestione dell'autoimmunità attraverso la dieta.

## Additivi problematici Additivi

Gli additivi negli alimenti trasformati possono essere problematici, specialmente in caso di malattie autoimmuni. Molte di queste sostanze hanno un effetto pro-infiammatorio, il che può aggravare i sintomi esistenti. [s71] Oli, zuccheri, sale e altri additivi nei prodotti altamente trasformati contribuiscono a questo effetto. [s71] In particolare, i grassi trans sono considerati preoccupanti e dovrebbero essere evitati, se possibile. [s71] Gli emulsionanti, come il polisorbato 80, possono danneggiare la barriera intestinale e favorire infiammazioni e malattie metaboliche. [s72] A causa dell'aumentata permeabilità della parete intestinale, batteri e componenti alimentari non digeriti possono entrare più facilmente nel flusso sanguigno, intensificando le infiammazioni sistemiche. [s72] Anche una flora intestinale alterata, che può essere influenzata dagli emulsionanti, è correlata a infiammazioni croniche. [s72] Chi consuma prodotti pronti dovrebbe controllare l'elenco degli ingredienti ed evitare i prodotti con questi additivi.

## Utile sapere

**Additivi**

Gli additivi possono promuovere infiammazioni e aggravare i sintomi nelle persone con malattie autoimmuni. Pertanto, è importante evitare alimenti trasformati con additivi e optare per alimenti naturali e non trasformati.

**Infiammazioni croniche**

Le infiammazioni croniche sono reazioni infiammatorie persistenti nel corpo, correlate a malattie autoimmuni. Un cambiamento nella dieta può contribuire ad alleviare le infiammazioni croniche.

**Infiammazioni sistemiche**

Le infiammazioni sistemiche interessano l'intero corpo e possono portare a sintomi diversi in caso di malattie autoimmuni. Una dieta che evita alimenti pro-infiammatori può aiutare a ridurre le infiammazioni sistemiche.

**Pro-infiammatorio**

Le sostanze pro-infiammatorie intensificano le reazioni infiammatorie nel corpo, il che può portare a un aggravamento dei sintomi in caso di malattie autoimmuni. Un cambiamento nella dieta può aiutare a ridurre le sostanze pro-infiammatorie.

## Valutazione del rischio di additivi problematici

Correlazione tra la frequenza di consumo e il rischio potenziale di additivi alimentari problematici.

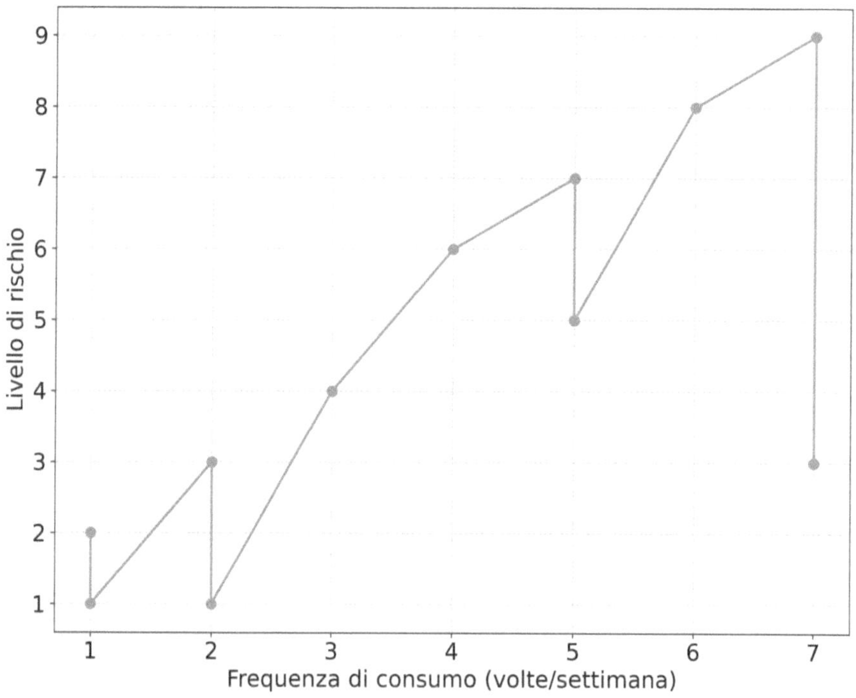


Questo grafico visualizza il rischio potenziale associato a determinati additivi alimentari in base alla frequenza con cui vengono consumati. Gli additivi consumati più spesso, anche con un rischio individuale moderato, comportano un rischio complessivo maggiore. Al contrario, gli additivi consumati di rado, anche con un rischio individuale più elevato, potrebbero presentare una minaccia complessiva inferiore. Ciò evidenzia l'importanza di considerare sia la frequenza che il rischio individuale quando si valutano le scelte dietetiche per le persone con malattie autoimmuni.

**Consigli concreti**

- Affina i tuoi piatti con oli e aceti alle erbe fatti in casa per evitare additivi critici e intensificare il sapore.
- Sostituisci i cereali altamente lavorati con pseudocereali come amaranto o quinoa, che spesso sono più digeribili e offrono più nutrienti.
- Sostituisci il latte vaccino con latte di noci o semi, prestando attenzione agli additivi e scegliendo varianti il più possibile naturali.
- Usa frutta matura come dolcificante naturale nella cottura per ridurre lo zucchero raffinato e mantenere nutrienti preziosi.
- Scopri la varietà dei legumi e integrali regolarmente nella tua dieta, prestando attenzione alla corretta preparazione per migliorare la digeribilità.
- Informati sull'origine dei tuoi alimenti e preferisci prodotti provenienti da agricoltura sostenibile e rispettosa degli animali.
- Leggi attentamente le liste degli ingredienti degli alimenti lavorati e metti in discussione criticamente gli additivi sconosciuti.
- Rifletti regolarmente sulle tue abitudini alimentari e identifica gli alimenti critici che potrebbero influenzare i tuoi sintomi.
- Cerca supporto professionale da un nutrizionista o un medico, se necessario, per adattare la tua alimentazione in modo individuale.

## 3. 3 Alternative benefiche

La scelta degli alimenti gioca un ruolo decisivo nelle malattie autoimmuni. Questo capitolo "Alternative curative" esplora come la sostituzione mirata di determinati alimenti possa alleviare i disturbi e migliorare il benessere. Consideriamo sia opzioni consolidate che meno conosciute, le cui caratteristiche e potenziali effetti sul corpo. In particolare, vengono presentate alternative allo zucchero, al glutine e al latte vaccino, che sono spesso associate a reazioni autoimmuni. La scelta degli alimenti giusti può essere complessa e richiede la considerazione delle esigenze individuali e delle intolleranze. Scoprite di seguito come ottimizzare la vostra alimentazione con alternative curative e influenzare positivamente la vostra salute.

*Nelle malattie autoimmuni, la scelta di alternative salutari è fondamentale. Le esigenze individuali e le tolleranze dovrebbero essere considerate nella selezione di dolcificanti naturali, cereali senza glutine e prodotti sostitutivi del latte, per ottimizzare l'alimentazione e minimizzare possibili effetti negativi.*

## Dolcificanti naturali

I dolcificanti naturali offrono alternative allo zucchero raffinato e ai dolcificanti sintetici, in particolare per le persone con malattie autoimmuni, che spesso reagiscono in modo sensibile a determinati alimenti. La stevia, estratta dalla pianta *Stevia rebaudiana*, è molte volte più dolce dello zucchero e contiene glicosidi steviolici, che non solo sono responsabili del sapore dolce, ma possono anche avere effetti positivi sulla salute [s73]. La stevia può stimolare la produzione di insulina e migliorare la sensibilità all'insulina, rendendola interessante per le persone con diabete [s73]. Inoltre, alla stevia vengono attribuite proprietà antiossidanti, antidiabetiche, antipertensive, antitumorali, antinfiammatorie e antimicrobiche [s73]. Oltre ai glicosidi steviolici, le foglie di stevia contengono altre sostanze biologicamente attive che possono avere effetti positivi sulla salute [s73]. La stevia è considerata non cancerogena e può influenzare la flora intestinale, poiché viene degradata da alcuni batteri, i *Bacteroides* [s74]. Oltre alla stevia, ci sono altri dolcificanti naturali con caratteristiche proprie. La glicirrizina della radice di liquirizia ha potenziali benefici per la salute, ma può anche aumentare la pressione sanguigna e quindi dovrebbe essere consumata con moderazione [s74]. Altri dolcificanti naturali come neohesperidina-diidrocalcone e taumatin sono ancora poco studiati per quanto riguarda i loro effetti sulla flora intestinale [s74]. I polioli, un gruppo di sostituti dello zucchero, possono promuovere la crescita di alcuni batteri intestinali benefici, i bifidobatteri, e quindi avere un effetto prebiotico, mentre altri alcol zuccherini non influenzano la flora intestinale [s74]. Nella scelta di un dolcificante naturale, è importante considerare le esigenze individuali e eventuali intolleranze. Un uso moderato della stevia in bevande o cibi può essere un modo per ridurre il consumo di zucchero e allo stesso tempo beneficiare dei potenziali vantaggi per la salute.

*Stevia rebaudiana* [i52]

**Indice e carico glicemico dei dolcificanti naturali**

Confronto tra IG e CG di vari dolcificanti.

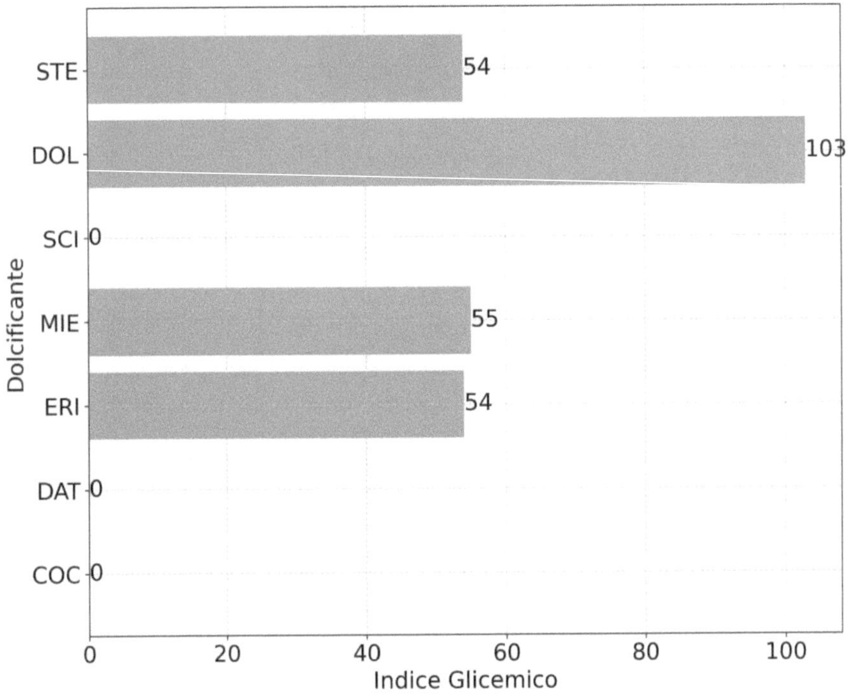


COC: Zucchero di Cocco

DOL: Frutto del Monaco

MIE: Miele

STE: Stevia

DAT: Datteri

ERI: Eritritolo

SCI: Sciroppo d'Acero

La stevia e l'eritritolo hanno il minore impatto glicemico, il che li rende adatti per la gestione dei livelli di zucchero nel sangue. Miele, sciroppo d'acero e zucchero di cocco, sebbene naturali, hanno valori di IG/CG più elevati e dovrebbero essere consumati con moderazione nell'ambito di una dieta focalizzata sull'autoimmunità.

# Alternative ai cereali senza glutine

Le alternative ai cereali senza glutine stanno guadagnando sempre più importanza, in particolare per le persone con malattie autoimmuni che reagiscono in modo sensibile al glutine o devono evitarlo completamente. Oltre alle alternative conosciute come riso, mais e patate, esiste una varietà di altre opzioni che arricchiscono la dieta e forniscono nutrienti preziosi. La miglio, ad esempio, è un cereale senza glutine ricco di minerali come ferro, magnesio e manganese, oltre a fibre che supportano la digestione. Le pseudocereali, botanicamente non cereali, offrono anche alternative senza glutine. La quinoa, ricca di proteine e di tutti e nove gli aminoacidi essenziali, è un esempio di tale alternativa nutriente. Anche l'amaranth, il grano saraceno e il teff appartengono ai pseudocereali e forniscono nutrienti preziosi. Oltre alle alternative classiche, stanno guadagnando attenzione anche varietà di cereali senza glutine più esotiche. Il sorgo, un antico cereale dell'Africa e dell'Asia, è naturalmente privo di glutine e ricco di antiossidanti. Anche la canihua, un parente della quinoa delle Ande, si distingue per il suo alto contenuto proteico e una buona tollerabilità. Nella scelta delle alternative ai cereali senza glutine, è consigliabile prestare attenzione alla varietà per garantire un'ampia gamma di nutrienti. L'integrazione di

*Grano saraceno* [i53]

*Miglio* [i54]

diverse varietà nella dieta può non solo portare varietà, ma anche contribuire a evitare potenziali carenze nutrizionali. Un porridge di avena senza glutine con frutta e noci, ad esempio, fornisce fibre, vitamine, minerali e grassi sani. Tuttavia, la decisione

di optare per alternative ai cereali senza glutine può comportare anche alcuni aspetti da considerare. I cereali, comprese le varietà contenenti glutine, contengono cosiddetti "anti-nutrienti", che possono compromettere l'assorbimento dei nutrienti e causare disturbi nelle persone sensibili. Queste sostanze, come l'acido fitico o le lectine, possono aumentare la permeabilità intestinale, ovvero la permeabilità della parete intestinale, e attivare il sistema immunitario. Sebbene la ricerca su questi effetti in altri cereali che contengono componenti simili sia ancora meno estesa, è consigliabile selezionare con attenzione le alternative senza glutine e prestare attenzione alla tollerabilità individuale. L'ammollo, la germinazione o la fermentazione dei cereali e degli pseudocereali senza glutine possono ridurre il contenuto di anti-nutrienti e migliorare la digeribilità. Ad esempio, il grano saraceno ammollato durante la notte può risultare più digeribile e migliorare l'assorbimento dei nutrienti.

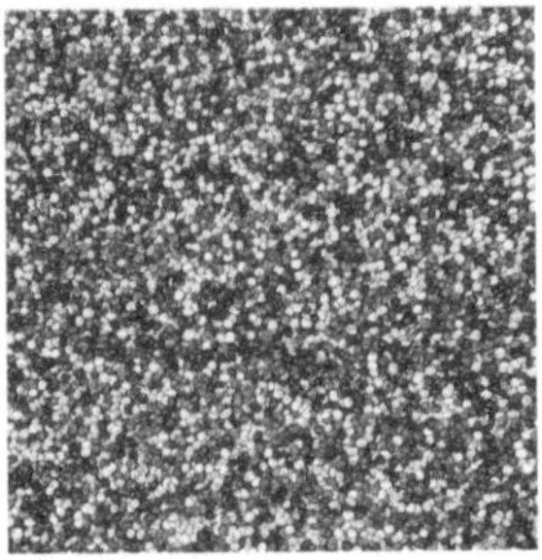

*Quinoa* [i55]

*Sorgo* [i56]

## Alternative ai cereali senza glutine

Popolarità dei cereali senza glutine.

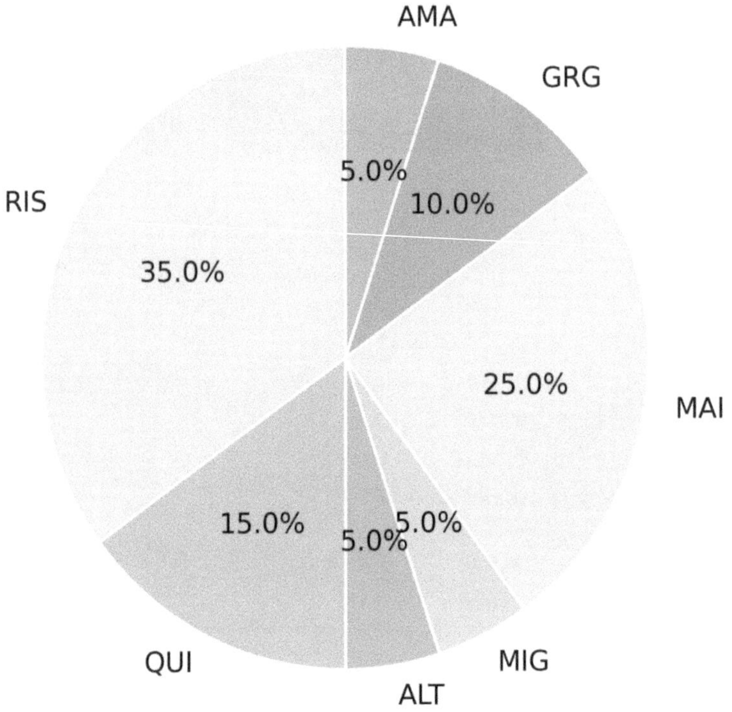


ALT: Altro (Teff, Sorgo ecc.)

AMA: Amaranto

GRG: Grano Saraceno

MAI: Mais (Farina, Grana, Polenta)

MIG: Miglio

QUI: Quinoa

RIS: Riso (Bianco, Integrale, Selvaggio)

Riso e mais, essendo facilmente reperibili e versatili, rappresentano la porzione maggiore del consumo di cereali senza glutine. Sebbene pseudo-cereali come quinoa e grano saraceno offrano eccellenti profili nutrizionali, il loro costo leggermente più elevato e i sapori unici possono contribuire alla loro minore quota di mercato. Il crescente interesse per cereali antichi come amaranto e miglio suggerisce una tendenza all'esplorazione di opzioni più diversificate all'interno della dieta senza glutine.

## Prodotti sostitutivi del latte

I prodotti sostitutivi del latte offrono a persone con autoimmunerkrankungen, che desiderano o devono evitare il latte vaccino, diverse alternative. Questi prodotti sono ottenuti da fonti vegetali come soia, mandorle, avena, cocco o riso e si differenziano per gusto, composizione nutrizionale e consistenza. Ad esempio, le bevande a base di soia contengono relativamente molta proteina e possono spesso sostituire il latte vaccino in una proporzione di 1:1. Il latte di mandorle, invece, è a basso contenuto calorico e si presta bene per frullati o muesli. Il latte d'avena si distingue per un gusto dolce e delicato e una consistenza cremosa, adatta anche per bevande a base di caffè. Oltre a queste varianti comunemente utilizzate, ci sono ulteriori opzioni come latte di anacardi, latte di piselli o latte di farro, che rendono la dieta più varia. Nella scelta di un prodotto sostitutivo del latte, è importante controllare l'elenco degli ingredienti. Molti prodotti contengono zusatzstoffe come zucchero, addensanti o aromi, per ottimizzare gusto e consistenza. Per una dieta autoimmune, si raccomandano prodotti privi di questi additivi. Anche il contenuto di calcio e vitamina D può variare, pertanto è consigliabile scegliere prodotti fortificati o garantire l'apporto nutrizionale attraverso altri alimenti. L'industria alimentare sta inoltre studiando l'uso delle proteine

*Avena* [i57]

*Cocco* [i58]

del latte nello sviluppo di alimenti funzionali con valore aggiunto per la salute. Se e in quale forma questi sviluppi siano rilevanti per le persone con malattie autoimmuni dovranno essere dimostrati da studi futuri. Indipendentemente da ciò, i prodotti sostitutivi del latte attualmente disponibili offrono una buona opportunità per sostituire il latte vaccino e soddisfare le esigenze nutrizionali nell'ambito di una dieta autoimmune.

*Riso* [i59]

*Soia* [i60]

*Anacardio* [i61]

*Pisello* [i62]

*Mandorla* [i63]

## Profilo Macronutrienti di Alternative al Latte

Ripartizione media dei macronutrienti di alternative al latte comuni adatte a diete autoimmuni.

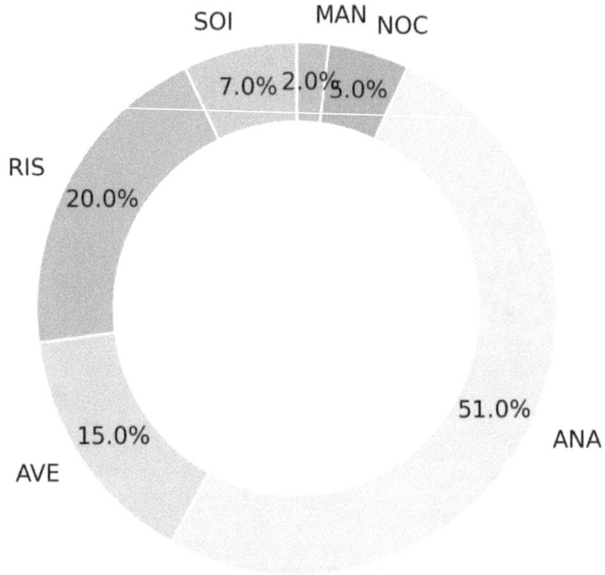


ANA: Latte di Mandorle (senza zucchero)
AVE: Latte d'Avena (senza zucchero)
MAN: Latte di Anacardi (senza zucchero)
NOC: Latte di Cocco (intero)
RIS: Latte di Riso (senza zucchero)
SOI: Latte di Soia (senza zucchero)

Questo grafico evidenzia le diverse composizioni di macronutrienti delle alternative al latte. Alcune opzioni sono prevalentemente a base di carboidrati, mentre altre offrono un contenuto di grassi più elevato. Queste informazioni sono cruciali per le persone che gestiscono le condizioni autoimmuni attraverso la dieta, poiché rapporti specifici di macronutrienti possono essere benefici o dannosi a seconda delle esigenze e delle sensibilità individuali.

**Consigli concreti**

- Scoprite la dolcezza delle datteri: trasformatele in crema di datteri o sciroppo come alternativa sana allo zucchero raffinato.
- Sperimentate con lo sciroppo di yacon: questo sciroppo ha un basso indice glicemico e può dolcificare naturalmente i vostri piatti.
- Tostate leggermente lo zucchero di fiori di cocco per ottenere un aroma caramellato e dare un tocco speciale ai vostri dessert.
- Dolcificate le vostre bevande con sciroppo di fiori di sambuco fatto in casa e godetevi il sapore rinfrescante.
- Utilizzate lo sciroppo d'acero con moderazione per beneficiare dei suoi minerali e del suo aroma delicato.
- Create le vostre puree di frutta con frutta di stagione come dolcificanti naturali per yogurt o muesli.
- Essiccate la frutta da soli e macinatela in polvere per ottenere un'alternativa sana e priva di zucchero allo zucchero a velo tradizionale.
- Sostituite lo zucchero nelle ricette di dolci con purea di mele o banana per garantire dolcezza e umidità.
- Scoprite la varietà di tipi di miele e scegliete un miele locale per dolcificare naturalmente i vostri piatti.
- Dolcificate le vostre bevande con un po' di succo di limone o arancia fresco per intensificare il sapore e allo stesso tempo fare il pieno di vitamina C.
- Utilizzate baccelli di vaniglia macinati per conferire ai vostri piatti una dolcezza naturale e un aroma intenso.
- Godetevi la dolcezza naturale della frutta e delle bacche, riducendo così il vostro bisogno di dolcificanti aggiuntivi.

## Revisione - 3. Scelta degli alimenti

La scelta alimentare corretta gioca un ruolo decisivo nelle malattie autoimmuni, poiché la tua alimentazione può sia alleviare che aggravare i sintomi. Una strategia nutrizionale adattata alle tue esigenze individuali può aiutarti a modulare i processi infiammatori e a migliorare il tuo benessere. L'attenzione dovrebbe essere rivolta a cibi freschi e non lavorati, ricchi di nutrienti e poveri di potenziali fattori scatenanti. Inizia a costruire una solida base arricchendo il tuo piano alimentare con una varietà colorata di verdure ed erbe. Le vitamine, i minerali e i composti vegetali secondari in esse contenuti non solo supportano la tua salute intestinale, ma possono anche avere effetti antiossidanti e antinfiammatori. Integra ad esempio quotidianamente un pugno di diverse erbe come prezzemolo, erba cipollina e basilico nei tuoi pasti. Sperimenta con metodi di cottura delicati come la cottura a vapore o la sbollentatura, per preservare al meglio il contenuto nutritivo e fai attenzione alla tua tolleranza individuale per i cibi crudi.

Oltre a verdure ed erbe, fonti proteiche di alta qualità sono essenziali per il mantenimento delle funzioni corporee. Fai attenzione a una miscela equilibrata di proteine animali e vegetali. Il pesce grasso, ad esempio, fornisce preziosi acidi grassi omega-3, mentre i legumi offrono oltre alle proteine anche fibre, vitamine e minerali. Per ottimizzare la qualità proteica degli alimenti vegetali, combina diverse fonti: uno stufato di lenticchie con pane integrale fornisce ad esempio un profilo aminoacidico più completo rispetto a ciascun alimento da solo. Anche la scelta di grassi sani è cruciale. Preferisci gli acidi grassi insaturi provenienti da olio d'oliva, noci, avocado, pesce grasso e oli vegetali come olio di semi di lino o di chia. Assicurati che gli oli siano spremuti a freddo e evita i grassi trans, che si trovano in molti prodotti lavorati. Gli acidi grassi saturi dovrebbero essere consumati solo con moderazione.

Una delle sfide più grandi in caso di malattia autoimmune è l'identificazione dei fattori scatenanti individuali. La dieta occidentale, con il suo alto contenuto di alimenti lavorati, zucchero, sale e carne rossa, può favorire l'infiammazione. Inoltre, allergeni nascosti nei prodotti lavorati possono influenzare la sintomatologia. Tieni un diario alimentare, idealmente in consultazione con un nutrizionista, e prova una dieta di eliminazione per identificare potenziali fattori scatenanti. Fai attenzione alla lista degli ingredienti quando acquisti alimenti lavorati e evita additivi come gli emulsionanti, che possono danneggiare la barriera intestinale. Sostituisci lo zucchero raffinato con dolcificanti naturali come la stevia e, in caso di intolleranza al glutine, sfrutta la varietà di alternative ai cereali senza glutine. Ricorda che anche questi possono contenere antinutrienti, che possono essere ridotti attraverso ammollo, germinazione o fermentazione. I sostituti del latte offrono una buona alternativa in caso di intolleranza al lattosio o allergia al latte vaccino, ma scegli varianti il più possibile senza zucchero.

Cambiando la dieta in caso di malattia autoimmune, potrebbe sembrare inizialmente complesso, ma con un approccio graduale e il giusto supporto noterai rapidamente cambiamenti positivi. Concentrati inizialmente su obiettivi piccoli e realistici e amplia gradualmente il tuo piano alimentare. Sii paziente con te stesso e non lasciarti scoraggiare dai passi falsi. Una scelta consapevole degli alimenti può aiutarti a controllare i tuoi sintomi, aumentare il tuo livello di energia e migliorare in modo sostenibile la tua qualità della vita.

# 4. Strategie di terapia nutrizionale

Come possiamo influenzare attivamente il decorso delle malattie autoimmuni attraverso un'alimentazione mirata? La risposta risiede in un approccio sistematico che va ben oltre semplici raccomandazioni dietetiche. I moderni concetti di terapia nutrizionale si basano su evidenze scientifiche e esperienze cliniche. Il percorso verso una strategia alimentare personalizzata passa attraverso diverse fasi e richiede un accompagnamento esperto. In questo capitolo scoprirete metodi collaudati che supportano il vostro corpo nel ritrovare l'equilibrio.

## 4. 1 Cambiamento graduale dell'alimentazione

Un cambiamento alimentare graduale offre, nelle malattie autoimmuni, l'opportunità di ottimizzare i modelli alimentari e comprendere l'influenza degli alimenti sull'andamento della malattia. L'analisi delle abitudini alimentari, l'introduzione graduale di alimenti tollerabili e l'evitamento di quelli potenzialmente problematici, insieme al supporto di professionisti, sono elementi centrali di questo processo. Tuttavia, si presentano sfide come l'identificazione delle intolleranze individuali, il cambiamento a lungo termine delle abitudini alimentari e il mantenimento della motivazione. Scoprite nei seguenti paragrafi come affrontare queste sfide e influenzare positivamente la vostra salute attraverso un cambiamento alimentare mirato.

*Un cambiamento alimentare di successo, soprattutto in caso di malattie autoimmuni, richiede oltre all'adattamento della dieta anche la comprensione dei principi sottostanti e un accompagnamento continuo da parte di professionisti qualificati, per ottenere successi a lungo termine.*

## Fase di preparazione

La fase di preparazione di un cambiamento alimentare graduale, specialmente nel contesto delle autoimmunerkrankungen e della medicina nutrizionale, inizia con un'analisi dettagliata delle attuali abitudini alimentari. In questa fase, si documentano tutti gli alimenti e le bevande consumati per un periodo definito, idealmente una settimana [s75]. Questa analisi serve come base per identificare le esigenze nutrizionali individuali e riconoscere intolleranze, carenze o schemi alimentari sfavorevoli. Parallelamente, si svolge un'ampia informazione sugli obiettivi e sul processo del cambiamento alimentare. Maggiore è la comprensione da parte dei pazienti del processo e dei meccanismi sottostanti, maggiore è la loro motivazione e il loro impegno [s75]. Un aspetto importante è l'introduzione graduale di nuovi alimenti e il contemporaneo, graduale abbandono di alimenti potenzialmente problematici. Invece di cambiare completamente l'alimentazione da un giorno all'altro, si integrano gradualmente alimenti tollerabili nel piano alimentare e si riduce parallelamente il consumo di quelli che possono favorire infiammazioni o scatenare intolleranze [s75] [s76]. In questo modo, il corpo può abituarsi lentamente ai cambiamenti. Il supporto da parte di professionisti qualificati, come nutrizionisti o medici specializzati in medicina nutrizionale, può offrire un prezioso aiuto in questa fase. Essi aiutano a superare le difficoltà individuali e a sviluppare un piano alimentare che sia adattato sia alla specifica malattia che alle esigenze personali [s75] [s76]. Un esempio di ciò sarebbe l'introduzione graduale di cereali senza glutine per la zoeliakie, iniziando con piccole quantità e aumentando progressivamente, mentre si riducono contemporaneamente i prodotti contenenti glutine. Infine, nella fase di preparazione vengono stabiliti obiettivi realistici e un adeguato lasso di tempo per il cambiamento alimentare [s75]. Questo crea una struttura chiara e aumenta la probabilità di un successo a lungo termine.

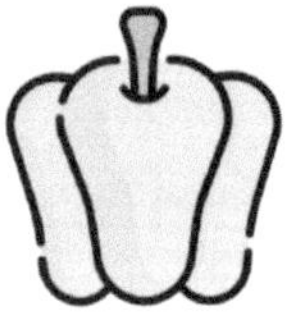

*Alimenti* [i64]

## Utile sapere

### Carenza

Uno stato causato da una carenza persistente di determinati nutrienti come vitamine o minerali. Le carenze possono causare vari problemi di salute e dovrebbero essere corrette attraverso una dieta equilibrata o eventualmente con integratori alimentari.

### Infiammazione

Una reazione complessa del corpo a stimoli dannosi, caratterizzata da arrossamento, gonfiore, dolore e calore. Le infiammazioni croniche possono essere correlate a malattie autoimmuni e possono essere influenzate positivamente da un cambiamento alimentare mirato.

### Intolleranza

Reazioni del corpo a determinati alimenti che non sono mediate dal sistema immunitario. Possono scatenare vari sintomi come disturbi digestivi, mal di testa o eruzioni cutanee. Nel contesto di un cambiamento alimentare, è importante identificare le intolleranze e evitare gli alimenti corrispondenti.

## Distribuzione della Fase Preparatoria

Distribuzione dei passaggi preparatori per i cambiamenti dietetici

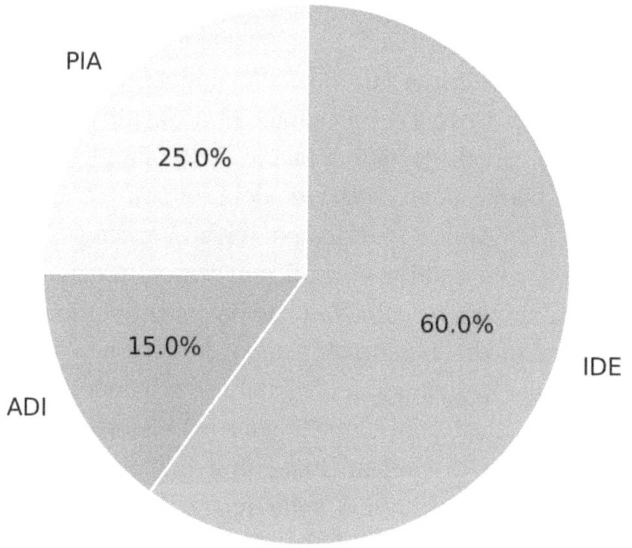


- ADI: Adattare la Dieta
- IDE: Identificare ed Eliminare le Sensibilità
- PIA: Pianificare i Cambiamenti Dietetici

La maggior parte della fase preparatoria è dedicata all'identificazione e all'eliminazione delle sensibilità alimentari. Ciò sottolinea l'importanza di comprendere le reazioni individuali ai diversi alimenti nella gestione delle malattie autoimmuni. La pianificazione e l'attuazione di cambiamenti dietetici graduali, sebbene in proporzioni minori, sono comunque cruciali per il successo a lungo termine e per ridurre al minimo le interruzioni.

## Fase di attuazione

Fase di attuazione: Nella fase di attuazione di un cambiamento alimentare graduale, orientato alle malattie autoimmuni e ai principi di nutrizione clinica, si mettono in pratica le strategie elaborate nella fase di preparazione. Qui, l'aderenza rigorosa al nuovo piano alimentare è al centro dell'attenzione. Ciò implica sia l'integrazione degli alimenti raccomandati sia l'astensione da quelli identificati come potenzialmente problematici [s77]. Così, l'eliminazione rigorosa di determinati gruppi alimentari, come cereali, legumi o piante della famiglia delle solanacee, potrebbe contribuire a un sollievo dei sintomi in alcune malattie autoimmuni [s77]. Allo stesso tempo, ci si concentra sull'assunzione adeguata di tutti i nutrienti essenziali per prevenire carenze. La fase di attuazione può, similmente alla fase di preparazione, essere supportata dalla guida esperta di un nutrizionista o di un medico. Questa guida professionale aiuta a monitorare, adattare e rispondere continuamente alle esigenze individuali e ai cambiamenti nel decorso della malattia. A differenza della fase di preparazione, in cui il cambiamento avviene gradualmente, ora l'attenzione è sulla realizzazione stabile del nuovo concetto alimentare. Nei pazienti con malattie croniche, ciò potrebbe significare il rispetto a lungo termine di una dieta specifica a basso contenuto di carboidrati, di una dieta mediterranea o di un'altra forma alimentare adeguata [s78]. Analogamente a una dieta a base di liquidi chiari o nutrizione enterale all'inizio di una terapia, l'aderenza rigorosa alla dieta nella fase di attuazione serve a controllare i sintomi acuti e a supportare il processo di guarigione [s78]. Una tale dieta leggera può alleviare la digestione e ridurre le infiammazioni, favorendo così la remissione [s78]. La durata di questa fase è variabile e dipende dai progressi individuali e dal raggiungimento di un miglioramento misurabile dello stato generale e dei sintomi correlati [s77]. Un'alimentazione che inizialmente si basa su cibi liquidi può, una volta che i sintomi acuti si attenuano, essere

gradualmente ampliata a cibi solidi e tollerabili, paragonabile al lento passaggio dalla nutrizione enterale a una forma alimentare completa tollerata dal paziente [s78].

*Dieta Mediterranea* [i65]

*Dieta liquida* [i66]

## Gravità dei Sintomi nel Tempo

Illustra la tipica riduzione dei sintomi autoimmuni durante i cambiamenti dietetici.

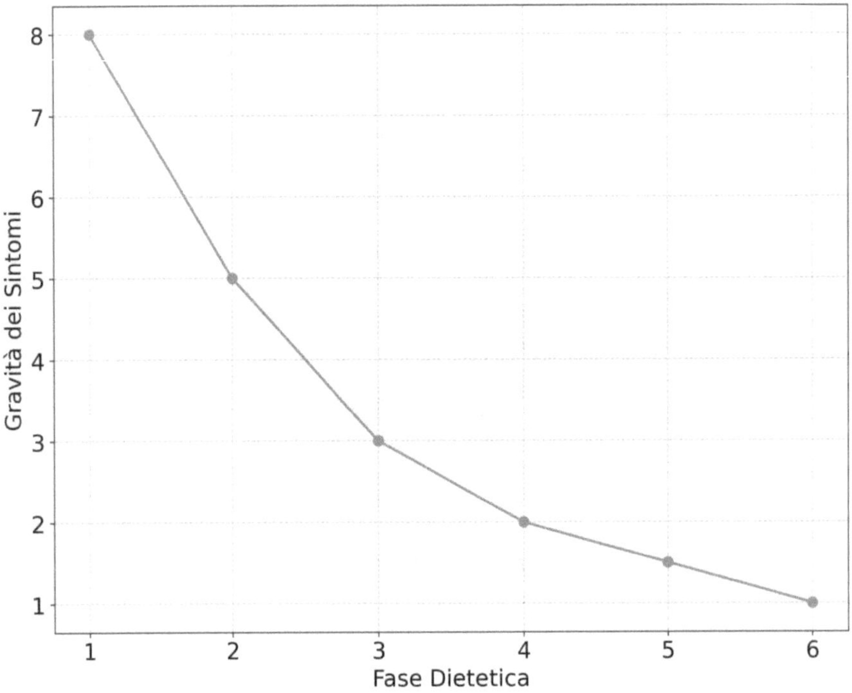


Il grafico mostra una tendenza generale al ribasso nella gravità dei sintomi man mano che il paziente progredisce attraverso le fasi del cambiamento dietetico. I miglioramenti iniziali possono essere rapidi, seguiti da un periodo di progressi più lenti o persino da plateau temporanei. Ciò sottolinea l'importanza di un'aderenza dietetica sostenuta per un beneficio a lungo termine.

## Fase di mantenimento

Fase di mantenimento: Nella fase di mantenimento di una terapia nutrizionale autoimmune, l'obiettivo è stabilizzare e preservare lo stato di salute raggiunto a lungo termine. Dopo aver identificato ed eliminato gli alimenti problematici nelle fasi precedenti e aver introdotto nuovi alimenti tollerabili, questa fase si concentra sull'integrazione duratura delle conoscenze acquisite nella vita quotidiana. [s79] La remissione clinica raggiunta deve essere mantenuta e, allo stesso tempo, deve essere garantito un apporto ottimale di nutrienti. [s79] Un elemento centrale di questa fase è la reintroduzione graduale di singoli alimenti o gruppi alimentari precedentemente esclusi. In questo modo, è possibile testare individualmente se e quali alimenti causano nuovamente disturbi. Un paziente che, ad esempio, ha evitato le solanacee durante la fase di attuazione, potrebbe ora integrare inizialmente piccole quantità di pomodori nella sua dieta e osservare se si verificano reazioni. Questo approccio consente un'identificazione precisa dei triggern individuali e permette una dieta il più completa e varia possibile, senza compromettere la salute. La durata della fase di mantenimento è variabile e dipende dal decorso individuale della malattia e dal benessere soggettivo. [s79] Può durare fino a quando non si raggiunge un miglioramento tangibile e duraturo dei sintomi e dello stato di salute generale. [s79] Il supporto continuo da parte di un nutrizionista o di un medico può essere utile anche in questa fase, per ottimizzare la dieta e apportare modifiche se necessario. A lungo termine, la fase di mantenimento mira a implementare in modo autonomo e duraturo le strategie alimentari apprese nella vita quotidiana, contribuendo attivamente alla salute.

*Solanacee* [i67]

## Strategie di mantenimento

Distribuzione delle strategie dietetiche a lungo termine per le malattie autoimmuni.

DIE: Modifiche dietetiche continue
ESG: Esercizio fisico regolare
SNR: Sonno e riposo adeguati
STR: Tecniche di gestione dello stress

La visualizzazione evidenzia l'importanza di un approccio equilibrato al mantenimento della remissione nelle malattie autoimmuni. Sebbene le continue modifiche dietetiche siano cruciali, l'integrazione della gestione dello stress, dell'esercizio fisico regolare e di un sonno adeguato sono altrettanto vitali per il benessere a lungo termine. L'enfasi sui fattori dello stile di vita sottolinea la natura olistica della gestione delle condizioni autoimmuni e la necessità di un approccio completo e sostenuto.

**Consigli concreti**

- Collegate ogni nuova fase alimentare a un'esperienza sensoriale, ad esempio oli profumati nella fase di preparazione, nuovi sapori nella fase di attuazione.
- Integrate piccoli momenti di piacere nel vostro nuovo piano alimentare, come un sale aromatizzato fatto in casa o un tè speciale.
- Cambiati l'ambiente in cui mangiate: mangiate in un luogo diverso, con musica diversa o in nuova compagnia.
- Sviluppate un sistema di ricompensa personale per i traguardi raggiunti, che non abbia nulla a che fare con il cibo, ad esempio una visita al cinema o un nuovo libro.
- Visualizzate il vostro successo alimentare: immaginate come vi sentirete con il nuovo regime alimentare e quali effetti positivi avrà sulla vostra salute.
- Riflettete alla fine di ogni settimana sui vostri progressi e sfide e adattate la vostra strategia per la settimana successiva.
- Concentratevi nella fase di mantenimento nel rielaborare le vostre ricette preferite affinché si adattino al vostro nuovo regime alimentare.
- Confrontatevi con il vostro nutrizionista su tecniche di cucina creative e nuovi alimenti per rendere la vostra alimentazione varia.
- Create nella fase di mantenimento piccoli "giorni di sperimentazione", in cui provate consapevolmente nuovi alimenti tollerati.
- Sviluppate un piano di emergenza per situazioni in cui non potete seguire la vostra alimentazione come previsto, ad esempio durante visite a ristoranti o viaggi.
- Utilizzate la natura come fonte di ispirazione: passeggiate nel bosco e lasciatevi ispirare dai colori e dai profumi delle piante per nuove idee di ricette.

## 4. 2 Sollievo dai sintomi

Le malattie autoimmuni sono spesso accompagnate da sintomi gravosi che possono influenzare significativamente la vita quotidiana. Le strategie terapeutiche nutrizionali offrono un approccio promettente per alleviare questi disturbi e migliorare la qualità della vita. In questo contesto, le misure antinfiammatorie, il supporto alla digestione e il rafforzamento del sistema immunitario giocano un ruolo centrale. La selezione e combinazione mirata degli alimenti possono regolare i processi infiammatori, promuovere la salute intestinale e rafforzare le difese immunitarie. Questo capitolo esplora le complesse interrelazioni tra alimentazione e malattie autoimmuni, fornendo informazioni pratiche. Continua a leggere e scopri come un'alimentazione adeguata può influenzare efficacemente i tuoi sintomi e migliorare il tuo benessere.

*Il sollievo dei sintomi nelle malattie autoimmuni richiede un approccio olistico che, oltre alla terapia farmacologica, comprenda anche una strategia nutrizionale mirata per ridurre i processi infiammatori, supportare la digestione e rafforzare il sistema immunitario.*

## Misure antinfiammatorie

Le misure antinfiammatorie mirano a ridurre i processi infiammatori cronici nel corpo, che giocano un ruolo centrale nelle malattie autoimmuni. Un cambiamento nella dieta può influenzare positivamente questi processi. Nutrienti antioxidative_naehrstoffe come la vitamina C e E possono ridurre lo stress ossidativo e regolare le infiammazioni [s80]. Una dieta ricca di frutta, verdura e grassi sani, come quella mediterranea, abbassa i marcatori infiammatori e può ridurre il rischio di malattie autoimmuni [s80] [s81]. Allo stesso tempo, l'assunzione di acidi grassi saturi e zuccheri dovrebbe essere ridotta, poiché possono favorire le infiammazioni [s80]. Anche la composizione dei batteri intestinali gioca un ruolo: probiotici e prebiotici possono influenzare positivamente la flora intestinale e modulare le reazioni infiammatorie [s80]. Come dimostra uno studio, un cambiamento mirato nella dieta può ridurre significativamente il carico sintomatico clinico e abbassare marcatori infiammatori come la proteina C-reattiva [s82]. Inoltre, tale intervento può avere effetti positivi sulla qualità della vita, in particolare in aree come la funzionalità fisica ed emotiva [s82]. Una dieta ricca di fibre ha anche effetti positivi sulla salute intestinale, promuovendo la diversità dei batteri intestinali e stimolando la produzione di acidi grassi a catena corta, che possiedono proprietà antinfiammatorie [s83]. L'integrazione di più fibre nella dieta quotidiana, ad esempio attraverso cereali integrali, legumi e verdure, può quindi contribuire in modo significativo alla riduzione dell'infiammazione [s83].

## Utile sapere

### Acidi grassi a catena corta

Gli acidi grassi a catena corta si formano nell'intestino attraverso la fermentazione delle fibre da parte dei batteri intestinali. Servono come fonte di energia per le cellule intestinali, rafforzano la barriera intestinale e hanno effetti antinfiammatori. Un aumento dell'assunzione di fibre può promuovere la produzione di questi acidi grassi e contribuire così ad alleviare i sintomi.

**Efficacia degli interventi antinfiammatori**

Potenziale riduzione dei sintomi

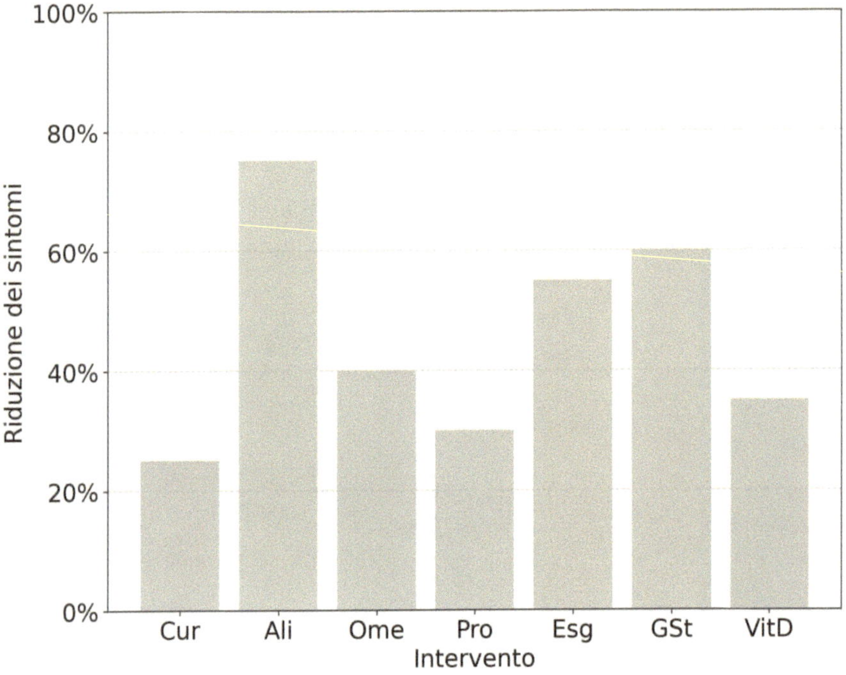


Ali: Eliminazione di alimenti infiammatori

Esg: Esercizio regolare

Ome: Acidi grassi Omega-3

VitD: Integrazione di vitamina D

Cur: Curcumina

GSt: Gestione dello stress

Pro: Probiotici

Questo grafico evidenzia la potenziale efficacia di vari interventi antinfiammatori. L'eliminazione degli alimenti infiammatori mostra il maggiore impatto, suggerendo che i cambiamenti nella dieta sono cruciali. La gestione dello stress e l'esercizio fisico regolare contribuiscono inoltre in modo significativo alla riduzione dei sintomi. Sebbene gli integratori possano essere utili, il loro impatto è generalmente meno pronunciato rispetto alle modifiche dello stile di vita. La combinazione di più approcci può produrre i migliori risultati per la gestione dell'autoimmunità.

## Supporto digestivo

Una funzione digestiva intatta è particolarmente rilevante per le persone con malattie autoimmuni. Oltre agli effetti positivi già menzionati di una dieta ricca di fibre e della modulazione della flora intestinale tramite probiotici e prebiotici, è importante considerare ulteriori aspetti. Ad esempio, gli additivi alimentari presenti negli alimenti industrialmente lavorati possono aumentare la permeabilità della parete intestinale, influenzando negativamente l'insorgenza e il decorso delle malattie autoimmuni [s84]. Un altro fattore è il rapporto tra acidi grassi Omega-6 e omegafettsaeuren. L'assunzione spesso eccessiva di acidi grassi Omega-6 rispetto agli Omega-3 nella dieta occidentale può favorire i processi infiammatori [s84]. Pertanto, un adeguamento mirato della dieta con una riduzione degli alimenti industrialmente lavorati e un aumento della quota di acidi grassi Omega-3, ad esempio attraverso il consumo di pesce grasso come salmone o sgombro, può essere raccomandabile [s85]. Inoltre, i polifenoli, presenti in molti alimenti vegetali, in particolare nella dieta mediterranea, possiedono proprietà antinfiammatorie e possono modulare l'attività dei geni pro-infiammatori [s84]. Il consumo mirato di alimenti ricchi di polifenoli come frutti di bosco, olio d'oliva o cioccolato fondente

può quindi supportare la salute digestiva e ridurre le infiammazioni nel corpo. In caso di disturbi nel tratto digestivo superiore, come quelli che possono verificarsi in caso di gastrite autoimmune, farmaci come inibitori della pompa protonica (IPP) o antagonisti del recettore H2 offrono sollievo riducendo la produzione di acido gastrico [s86]. Anche un adeguamento delle abitudini alimentari, come il consumo di pasti più piccoli e frequenti, può alleviare sintomi come la sensazione di pienezza e la precoce sazietà [s86].

## Utile sapere

**Gastrite autoimmune**

Un'infiammazione cronica della mucosa gastrica causata dal sistema immunitario che può portare a disturbi digestivi.

**Inibitori della pompa protonica**

Gli inibitori della pompa protonica riducono la produzione di acido gastrico e possono alleviare sintomi come il bruciore di stomaco e il dolore che possono verificarsi in alcune malattie autoimmuni.

**Probiotici**

I probiotici sono microrganismi vivi che, se assunti in quantità sufficienti, possono avere effetti positivi sulla salute ripristinando l'equilibrio della flora intestinale e contribuendo così ad alleviare i disturbi digestivi.

## Supporto digestivo e sollievo dai sintomi

Efficacia, durata e intensità dei metodi di supporto digestivo.

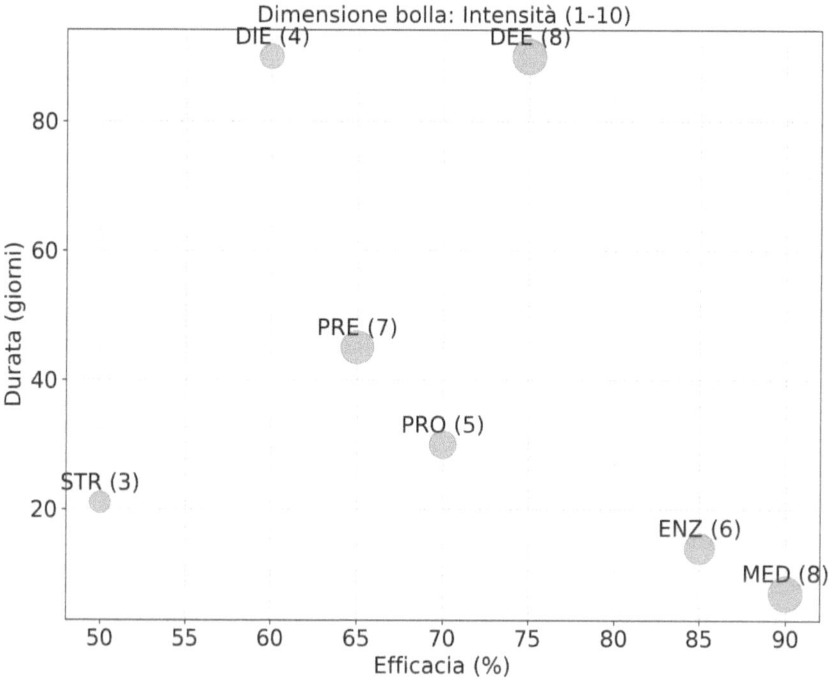


Blasengröße: Intensità ((1-10))

DEE: Dieta di eliminazione

DIE: Cambiamenti nella dieta

ENZ: Integratori di enzimi

MED: Farmaci

PRE: Prebiotici

PRO: Probiotici

STR: Gestione dello stress

L'integrazione di enzimi mostra un'elevata efficacia e una durata moderata, mentre i probiotici offrono un'efficacia leggermente inferiore ma una durata maggiore. I cambiamenti nella dieta hanno la durata più lunga ma un'efficacia e un'intensità variabili. I prebiotici mostrano efficacia, durata e intensità moderate. Ciò suggerisce che le strategie personalizzate sono cruciali, potenzialmente combinando metodi per un sollievo ottimale.

## Rafforzamento del sistema immunitario

Un sistema immunitario robusto è essenziale per la salute generale, in particolare in caso di malattie autoimmuni. Oltre alle strategie nutrizionali già menzionate per ridurre l'infiammazione e supportare la digestione, ci sono ulteriori modi per influenzare positivamente la funzione immunitaria. L'attività fisica, come l'allenamento aerobico regolare o l'allenamento di forza moderato, può rafforzare le difese e ridurre la suscettibilità alle infezioni [s87]. L'esercizio stimola la circolazione delle cellule immunitarie e promuove la produzione di anticorpi. Inoltre, un'adeguata fornitura di mikronaehrstoffen può migliorare la competenza immunitaria, in particolare negli anziani [s87]. Mentre una dieta equilibrata di solito soddisfa il fabbisogno di vitamine e minerali, in alcuni casi può essere utile una supplementazione, ad esempio con un preparato multivitaminico. Inoltre, studi dimostrano che alcuni nutrienti possono modulare specificamente la risposta immunitaria. Ad esempio, lo zinco inibisce la formazione di mediatori infiammatori e supporta lo sviluppo di cellule T regolatorie, che controllano una reazione immunitaria eccessiva [s88]. Anche l'aminoacido triptofano e i suoi prodotti metabolici, che si formano sia attraverso l'alimentazione che dai batteri intestinali, influenzano il sistema immunitario. Possono attivare le cellule T regolatorie e ridurre i processi infiammatori, anche nel cervello [s89]. Un ulteriore aspetto è il ruolo del colesterolo nella risposta immunitaria. Come componente della membrana cellulare, influisce sulla sua fluidità e quindi sulla funzionalità delle cellule immunitarie [s88]. Un apporto equilibrato di colesterolo attraverso l'alimentazione è quindi importante per un sistema immunitario sano. Il colostro bovino, il primo latte delle mucche, contiene una varietà di sostanze bioattive e può anche supportare la funzione immunitaria, specialmente durante sforzi fisici [s87]. Oltre a queste misure nutrizionali, è consigliabile ridurre lo

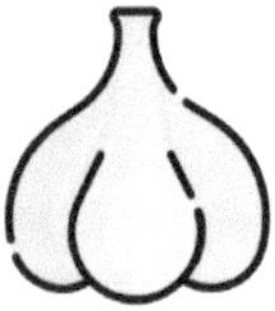

stress e mantenere un peso sano, poiché entrambi possono influenzare la funzione immunitaria e il decorso delle malattie autoimmuni [s90].

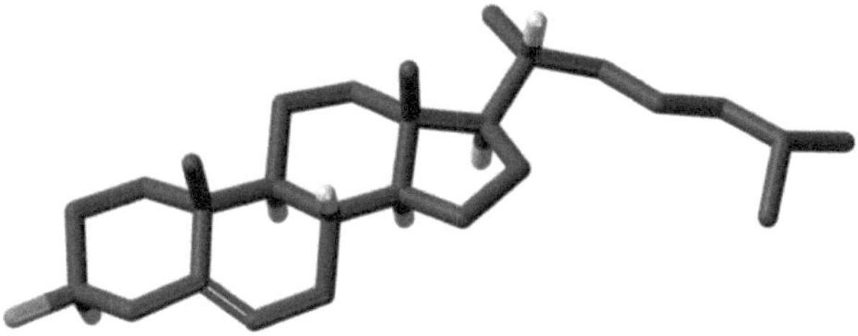

*Colesterolo* [i68]

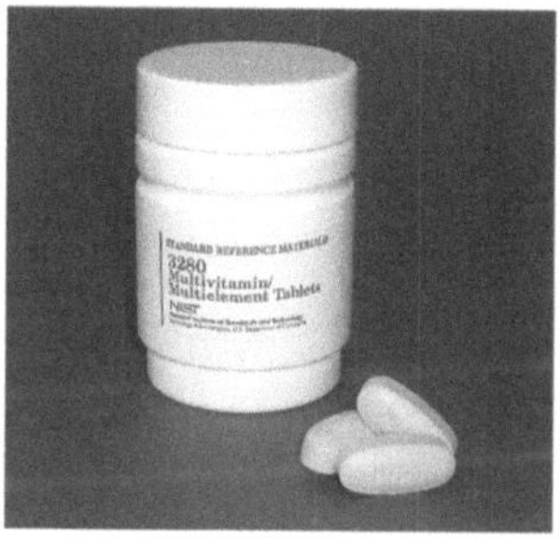


*Integratore multivitaminico* [i69]

## Utile sapere

**Cellule T regolatorie**

Le cellule T regolatorie sono un tipo speciale di cellule immunitarie che aiutano a regolare la risposta immunitaria e a sopprimere reazioni eccessive. Svolgono un ruolo importante nel mantenimento della tolleranza immunitaria e nella prevenzione delle malattie autoimmuni.

**Funzione immunitaria**

La funzione immunitaria si riferisce alla capacità del sistema immunitario di riconoscere e combattere i patogeni. Una funzione immunitaria ottimale è importante per mantenere l'equilibrio tra difesa e tolleranza nel corpo e prevenire reazioni immunitarie eccessive.

**Colostro bovino**

Il colostro bovino è il primo latte delle mucche e contiene una varietà di sostanze bioattive, tra cui anticorpi, fattori di crescita e immunomodulatori. Può rafforzare la funzione immunitaria, promuovere la salute intestinale e supportare la rigenerazione dopo sforzi fisici.

**Preparato multivitaminico**

Un preparato multivitaminico contiene una combinazione di diverse vitamine e minerali e può contribuire a garantire un'adeguata fornitura di questi nutrienti essenziali. Può essere particolarmente utile in caso di dieta squilibrata o di fabbisogno aumentato per supportare la funzione immunitaria.

## Impatto sul sistema immunitario vs. sollievo dai sintomi

Confronto dei fattori che influenzano la forza immunitaria e il sollievo dai sintomi.

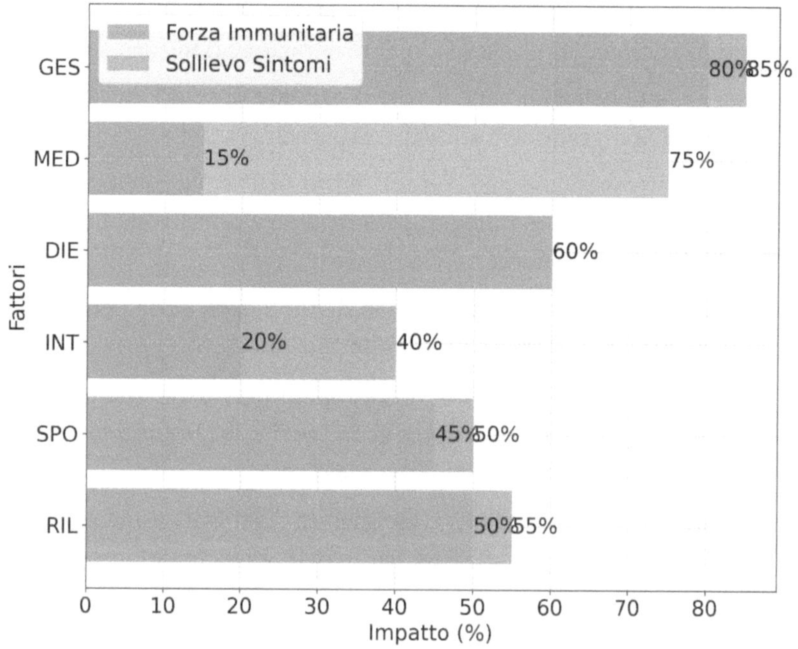


DIE: Dieta

INT: Integratori

RIL: Rilassamento

GES: Gestione dello stress

MED: Medicinali

SPO: Sport

Questo grafico evidenzia l'impatto relativo di vari fattori dello stile di vita sia sulla forza del sistema immunitario che sulla riduzione dei sintomi nelle condizioni autoimmuni. La gestione dello stress sembra essere cruciale per entrambi, mentre i farmaci si concentrano principalmente sul sollievo dai sintomi. La dieta dimostra un impatto moderato su entrambe le aree, suggerendo la sua importanza come elemento fondamentale. Gli integratori mostrano un contributo minore, ma comunque evidente, alla forza immunitaria, mentre il loro effetto di sollievo dai sintomi è minimo. Le tecniche sportive e di rilassamento offrono un approccio equilibrato, a beneficio di entrambi gli aspetti della gestione autoimmune.

**Consigli concreti**

- Preparatevi delle tisane benefiche a base di erbe che calmano la vostra digestione, come finocchio, anice e cumino.
- Create il vostro personale rituale di rilassamento prima dei pasti, ad esempio con un breve esercizio di respirazione o musica soft.
- Massaggiate delicatamente il vostro addome in senso orario per stimolare la digestione e alleviare eventuali crampi.
- Scaldate il vostro addome con una borsa dell'acqua calda o un cuscino di noccioli di ciliegia, per creare una sensazione piacevole e supportare la digestione.
- Bevete acqua tiepida a piccoli sorsi durante la giornata per idratare il vostro corpo e favorire la digestione.
- Incorporate regolarmente brevi sessioni di movimento nella vostra routine quotidiana, come passeggiate brevi o leggeri esercizi di stretching, per sostenere l'attività intestinale.
- Preparatevi spuntini leggeri e facilmente digeribili, come verdure al vapore o una manciata di noci, per evitare attacchi di fame.
- Mangiate in un luogo tranquillo e piacevole, privo di distrazioni, per gustare consapevolmente i vostri pasti e favorire la digestione.
- Ascoltate il vostro corpo e mangiate solo quando avvertite realmente fame, per non sovraccaricare la vostra digestione.
- Evitare di mangiare in fretta e masticate ogni boccone a fondo, per facilitare la digestione e prevenire la sensazione di pesantezza.
- Concedetevi abbastanza tempo per riposare dopo i pasti ed evitate attività faticose, per supportare al meglio la digestione.

## 4. 3 Assistenza medico-nutrizionale

Il supporto nutrizionale è essenziale per il successo delle strategie terapeutiche nutrizionali nelle malattie autoimmuni. Esso comprende il monitoraggio continuo del decorso terapeutico, la rilevazione precoce di problemi e l'adattamento individuale della terapia nutrizionale. Sia i dati oggettivi come i valori di laboratorio e i dati corporei, sia i sintomi soggettivi del paziente giocano un ruolo decisivo. Questo processo richiede una stretta collaborazione tra paziente e terapeuta. Continua a leggere per scoprire come, attraverso un supporto nutrizionale ottimale, puoi rendere la tua terapia di successo e migliorare in modo sostenibile la tua qualità della vita.

*Un accompagnamento nutrizionale efficace nelle malattie autoimmuni richiede un monitoraggio continuo, in cui i dati oggettivi (valori di laboratorio, dati corporei) e le esperienze soggettive del paziente siano considerati in egual misura e documentati sistematicamente, al fine di adattare la terapia in modo individuale e migliorare in modo sostenibile la qualità della vita.*

## Monitoraggio terapeutico

Il monitoraggio terapeutico nelle malattie autoimmuni e nei cambiamenti dietetici comprende controlli regolari e adattamenti della terapia. Serve a verificare il successo della terapia, riconoscere effetti collaterali indesiderati e adattare il trattamento in modo individuale. La frequenza e il tipo di esami dipendono dalla malattia specifica, dall'approccio terapeutico e dal decorso individuale. Un elemento fondamentale del monitoraggio terapeutico sono gli esami di laboratorio. Marcatori infiammatori come CRP (proteina C-reattiva), VES (velocità di eritrosedimentazione) o specifici autoanticorpi forniscono informazioni sull'attività della malattia autoimmune. Inoltre, possono essere controllati emocromo, valori epatici e renali, livelli di vitamine e minerali, nonché ormoni tiroidei, per rilevare possibili effetti del cambiamento dietetico o della terapia farmacologica. Un paziente con hashimotothyreoiditis necessita, ad esempio, di controlli regolari degli ormoni tiroidei (TSH, fT3, fT4) per ottimizzare il dosaggio del farmaco. Cambiamenti nelle abitudini alimentari, come l'astensione dal glutine in caso di zoeliakie, richiedono anch'essi un monitoraggio attento di specifici anticorpi per valutare il successo della terapia. Oltre ai parametri di laboratorio, anche i sintomi soggettivi del paziente sono rilevanti. Dolori, affaticamento, disturbi digestivi o cambiamenti cutanei possono indicare una terapia inadeguata o intolleranze. Un diario alimentare può aiutare a riconoscere le correlazioni tra alimenti e sintomi e ad adattare di conseguenza la dieta. Documentate gli alimenti consumati, gli orari, le quantità e i sintomi manifestati. In questo modo, voi e il vostro terapeuta otterrete informazioni preziose per l'adattamento della terapia. Il monitoraggio terapeutico include anche la valutazione regolare dello stato nutrizionale. Peso corporeo, composizione corporea (ad es. massa muscolare e grassa) e protocolli alimentari aiutano a riconoscere precocemente stati di carenza e a contrastarli. Soprattutto in diete restrittive, come la eliminationsdiaet, è importante un controllo accurato dell'apporto nutrizionale per evitare carenze. Fate attenzione a un apporto sufficiente di vitamine, minerali, oligoelementi, acidi grassi essenziali e aminoacidi. La collaborazione

tra paziente e terapeuta è fondamentale per un monitoraggio terapeutico di successo. Una comunicazione aperta riguardo a sintomi, abitudini alimentari e successi terapeutici consente un adattamento individuale del trattamento. Conversazioni regolari servono a rivedere il piano terapeutico, ridefinire obiettivi e rafforzare la motivazione. Annotate le vostre domande e i cambiamenti osservati per discuterne durante gli appuntamenti. In questo modo, potrete contribuire attivamente alla vostra salute e influenzare positivamente il successo della terapia. La durata del monitoraggio terapeutico è individuale e dipende dal decorso della malattia e dall'approccio terapeutico. Anche dopo aver raggiunto una stabilizzazione, controlli regolari sono utili per riconoscere precocemente possibili ricadute e contrastarle. Un'assistenza a lungo termine da parte di un terapeuta qualificato offre il miglior supporto nella gestione di una malattia autoimmune e nell'attuazione di una terapia nutrizionale individuale. Il monitoraggio terapeutico è quindi un processo continuo, basato sulle esigenze individuali del paziente e adattato in modo flessibile al decorso della malattia. Un monitoraggio costante in combinazione con una terapia nutrizionale individuale può contribuire a migliorare e mantenere la qualità della vita dei pazienti con malattie autoimmuni.

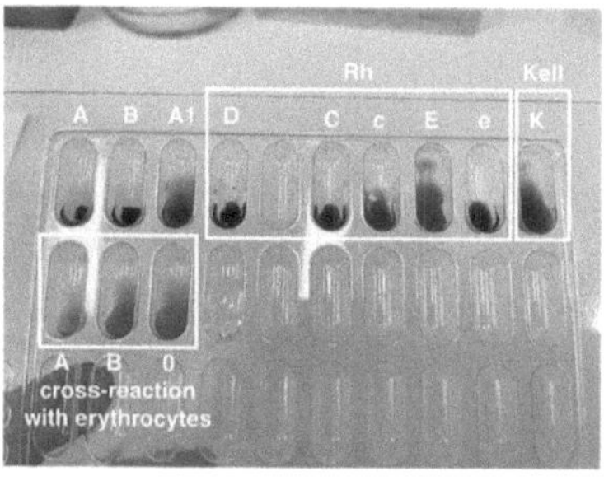


*Esame del sangue* [i70]

## Utile sapere

### Acidi grassi essenziali

Gli acidi grassi essenziali sono grassi che il corpo non può produrre autonomamente e devono quindi essere assunti attraverso l'alimentazione. Svolgono un ruolo importante in diverse funzioni corporee, inclusa la regolazione immunitaria e l'infiammazione. Gli acidi grassi omega-3 sono un esempio di acidi grassi essenziali che possono avere effetti positivi nelle malattie autoimmuni.

### Aminoacidi

Gli aminoacidi sono i mattoni delle proteine. Sono importanti per la costruzione e la riparazione dei tessuti corporei, la produzione di ormoni ed enzimi, nonché per un sistema immunitario funzionante. Un apporto adeguato di aminoacidi è particolarmente importante nelle malattie autoimmuni per supportare il corpo nella rigenerazione.

### Autoanticorpi

Gli autoanticorpi sono anticorpi prodotti dal sistema immunitario contro strutture proprie dell'organismo. Svolgono un ruolo importante nell'insorgenza e nel decorso delle malattie autoimmuni. Nell'ambito del supporto nutrizionale, possono essere misurati specifici autoanticorpi per confermare la diagnosi e monitorare il decorso della malattia.

## Riduzione dei marcatori infiammatori

Diminuzione dei marcatori infiammatori nel tempo con l'intervento dietetico.

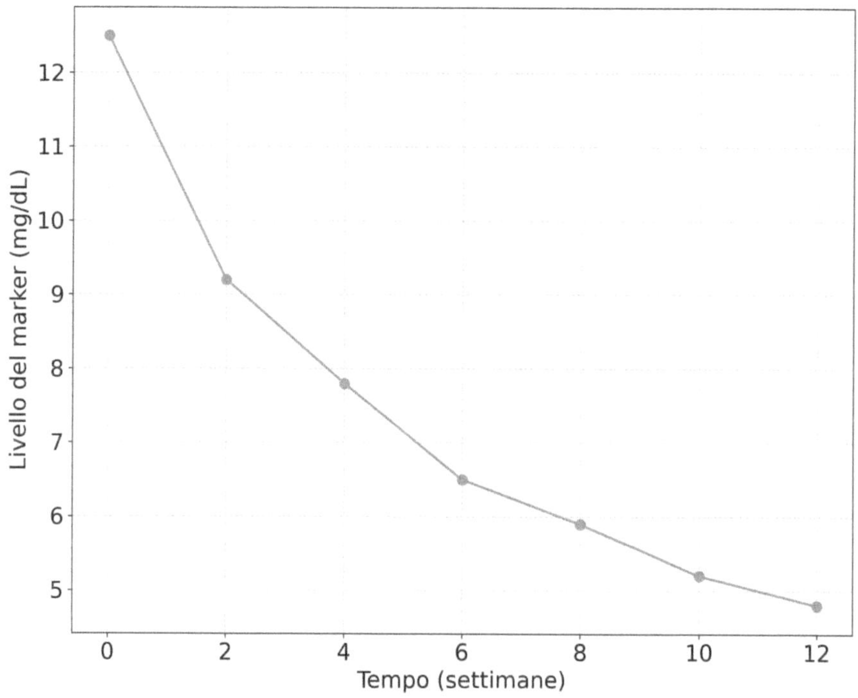


Il grafico mostra una costante tendenza al ribasso dei marcatori infiammatori, suggerendo l'efficacia dei cambiamenti dietetici prescritti nella gestione della condizione autoimmune. Il calo significativo nelle prime settimane indica una risposta iniziale positiva all'intervento. Si raccomanda un monitoraggio continuo per garantire la gestione a lungo termine e adeguare il piano dietetico secondo necessità.

## Adattamento della terapia nutrizionale

Un adattamento della terapia nutrizionale nelle malattie autoimmuni richiede un approccio dinamico, basato sulle esigenze individuali e sul decorso della malattia del paziente. Oltre ai comuni parametri di laboratorio come i marcatori infiammatori (crp, VES) e autoantikoerper, anche le sensazioni soggettive del paziente acquisiscono importanza. Ad esempio, disturbi digestivi che si manifestano dopo il consumo di determinati alimenti possono fornire indicazioni su intolleranze e richiedere una modifica del piano alimentare [s91]. Un diario alimentare, in cui vengono documentati gli alimenti consumati, le quantità e i sintomi correlati, offre una base preziosa. L'ottimale apporto di nutrienti rappresenta un ulteriore aspetto centrale dell'adattamento terapeutico. Soprattutto nelle forme alimentari restrittive, è fondamentale garantire un adeguato apporto di vitamine, minerali, oligoelementi, acidi grassi essenziali e aminoacidi. Un controllo regolare dello stato nutrizionale, ad esempio attraverso l'analisi del peso corporeo e della composizione corporea, aiuta a riconoscere precocemente carenze e a intervenire in modo mirato. Nelle malattie neurologiche, come la sclerosi multipla, i integratori alimentari possono essere utilizzati in consultazione con il medico curante per garantire un'ottimale fornitura di nutrienti [s91] [s92]. La ricerca sta anche esaminando l'influenza di pre- e probiotici sul microbioma e sul sistema immunitario [s92]. La collaborazione tra paziente e terapeuta è essenziale per il successo terapeutico. Uno scambio aperto su osservazioni, disturbi e successi terapeutici consente un adattamento individuale del piano di trattamento. In questo contesto, possono essere considerati anche le esperienze e la motivazione del paziente. Studi dimostrano, ad esempio, che i pazienti con malattie della tiroide spesso modificano autonomamente la loro alimentazione e preferiscono la consulenza di dietisti [s93]. Questo esempio sottolinea l'importanza di una comunicazione centrata sul paziente e di una consulenza nutrizionale professionale. L'adattamento della terapia nutrizionale è un processo continuo che richiede controlli regolari anche dopo aver raggiunto una stabilizzazione. I regolari contraccolpi a lungo termine possono essere così riconosciuti precocemente e affrontati. La combinazione di un monitoraggio costante e di una terapia nutrizionale individuale contribuisce a migliorare e mantenere la qualità della vita dei pazienti con malattie autoimmuni. La valutazione continua delle abitudini alimentari con strumenti adeguati, come l'analisi dell'aderenza a determinate forme dietetiche (ad es. dieta mediterranea o westliche__diaet), può fornire informazioni aggiuntive per l'ottimizzazione della terapia [s94].

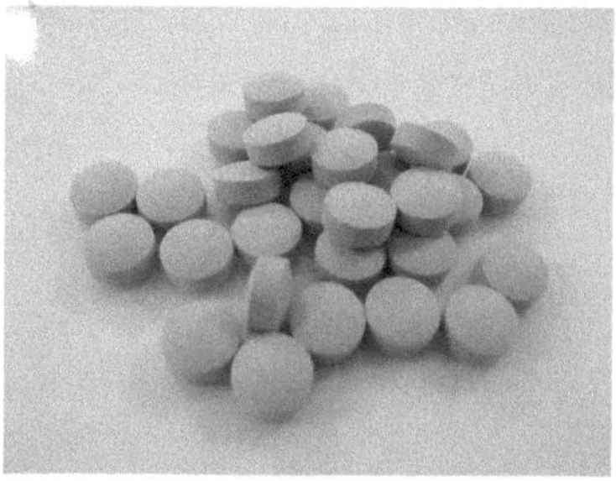

*Integratori alimentari* [i71]

## Utile sapere

**Adesione**

Il rispetto delle raccomandazioni terapeutiche, ad es. di una dieta specifica, da parte del paziente. Un'alta adesione è importante per il successo terapeutico nelle malattie autoimmuni.

**Integratori alimentari**

Fonti concentrate di nutrienti che possono essere assunte in aggiunta alla dieta per compensare una carenza o supportare determinate funzioni, in particolare in diete restrittive nell'ambito delle malattie autoimmuni.

**Sclerosi multipla**

Una malattia infiammatoria cronica del sistema nervoso centrale che può portare a sintomi neurologici vari e per la quale una dieta adeguata può avere un effetto di supporto.

**Sistema immunitario**

Il sistema di difesa dell'organismo che protegge il corpo da patogeni e altre influenze dannose. Nelle malattie autoimmuni, il sistema immunitario attacca erroneamente le strutture proprie.

# Regolazioni della terapia nutrizionale nelle malattie autoimmuni

Frequenza ed entità delle regolazioni dietetiche necessarie per varie condizioni autoimmuni.

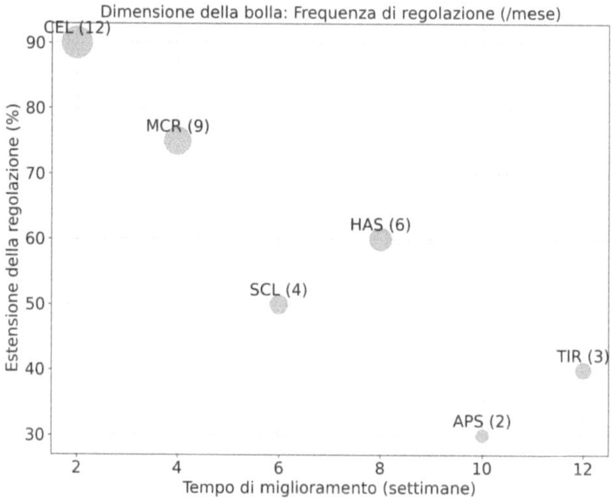


Blasengröße: Frequenza di regolazione (/mese)

APS: Artrite psoriasica

ART: Artrite reumatoide

CEL: Celiachia

HAS: Tiroidite di Hashimoto

MCR: Malattia infiammatoria cronica intestinale

SCL: Sclerosi multipla

Il grafico rivela uno spettro di esigenze di regolazione dietetica. Condizioni come la celiachia spesso richiedono regolazioni ampie e frequenti, indicate da grandi bolle posizionate in alto sull'asse y. Altre, forse come la tiroidite di Hashimoto, potrebbero richiedere regolazioni moderate, rappresentate da bolle più piccole a un valore y medio. Le condizioni con bolle più piccole e valori y più bassi suggeriscono che in genere sono necessarie regolazioni dietetiche meno frequenti e meno estese. L'asse x indica il tempo medio per il miglioramento dei sintomi dopo i cambiamenti dietetici.

## Documentazione dei progressi

La registrazione sistematica dei progressi è un aspetto importante dell'accompagnamento medico-nutrizionale nelle malattie autoimmuni. Una documentazione precisa consente sia al paziente che al terapeuta di valutare oggettivamente l'andamento della terapia e, se necessario, di apportare modifiche. Non si tratta solo di una mera raccolta di dati, ma soprattutto di un'interpretazione significativa delle informazioni raccolte. Questa documentazione può includere vari aspetti: valori di laboratorio (ad es. marker infiammatori, livelli di vitamine e mineralstoffspiegel), sintomi soggettivi (ad es. intensità del dolore, disturbi digestivi, livello di energia) e protocolli alimentari (cibi consumati, quantità, orari). Inoltre, possono essere registrati dati corporei come peso, composizione corporea e pressione sanguigna. Un approccio strutturato alla documentazione, ad esempio attraverso questionari standardizzati o app, può migliorare la qualità e l'efficienza della raccolta dei dati, una necessità che si riscontra anche in altri ambiti dell'assistenza sanitaria, come la chiropratica, dove secondo studi molti professionisti ritengono la loro formazione in ambito nutrizionale insufficiente [s95]. La valutazione regolare dei dati documentati consente di riconoscere precocemente schemi e correlazioni. Ad esempio, possono essere

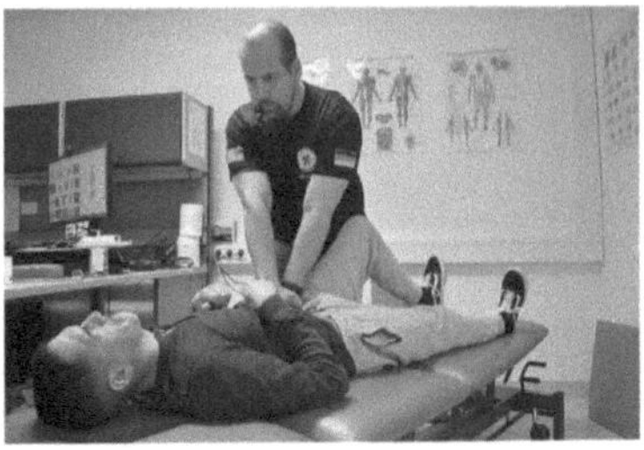

*Chiropratica* [i72]

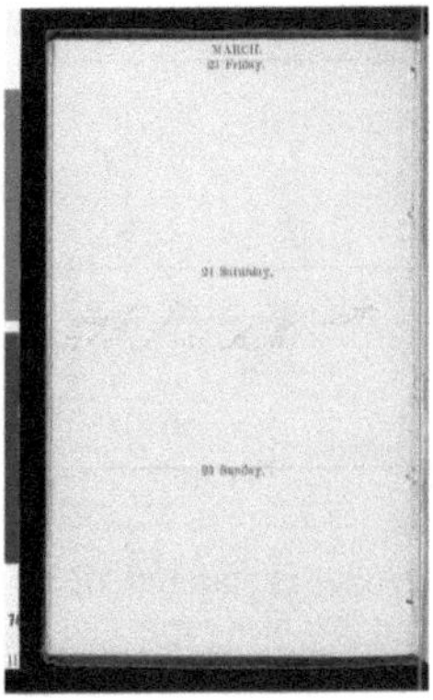

*Diario alimentare* [i73]

identificate intolleranze a determinati alimenti o analizzato l'impatto dell'alimentazione sull'intensità dei sintomi. Un paziente che lamenta

regolarmente gonfiore dopo il consumo di latticini può annotare questa informazione nel suo diario alimentare. L'analisi congiunta di queste annotazioni con il terapeuta può portare a escludere temporaneamente i latticini dalla dieta per verificare l'ipotesi di un' intolleranza al lattosio. L'evoluzione successiva dei sintomi sarà nuovamente documentata e fornirà indicazioni preziose per la pianificazione terapeutica futura. Un approccio sistematico di questo tipo aumenta la probabilità che la terapia nutrizionale sia ottimale per le esigenze individuali del paziente e porti ai risultati desiderati. L'interpretazione congiunta dei dati rafforza inoltre la collaborazione tra paziente e terapeuta e promuove la responsabilità del paziente per la propria salute. La documentazione dei progressi non è quindi un fine a se stesso, ma uno strumento prezioso per ottimizzare continuamente la terapia nutrizionale e migliorare a lungo termine la qualità della vita dei pazienti.

*Minerale* [i74]

## Utile sapere

### Chiropratica

Metodo di trattamento che si concentra sulla diagnosi, il trattamento e la prevenzione delle disfunzioni del sistema muscolo-scheletrico, in particolare della colonna vertebrale, prestando attenzione all'alimentazione del paziente.

### Intolleranza al lattosio

Intolleranza allo zucchero del latte, il lattosio, che può causare disturbi digestivi e richiede particolare attenzione nelle malattie autoimmuni.

### Marker infiammatori

Sostanze nel sangue che indicano infiammazioni nel corpo e aiutano nella valutazione dell'andamento di una malattia autoimmune.

**Indicatori di successo nel coaching nutrizionale autoimmune**

Distribuzione dei risultati positivi nel coaching nutrizionale autoimmune.

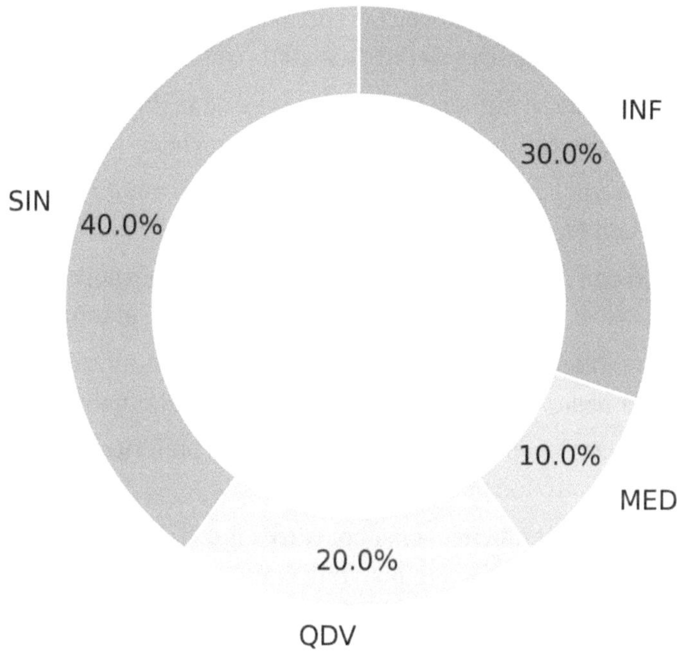


INF: Riduzione dei marker infiammatori
MED: Riduzione dei farmaci
QDV: Miglioramento della qualità della vita
SIN: Migliore gestione dei sintomi

La maggior parte dei clienti sperimenta una migliore gestione dei sintomi, a dimostrazione dell'efficacia degli interventi dietetici nelle malattie autoimmuni. La riduzione dei marker infiammatori suggerisce un impatto positivo sui processi infiammatori sottostanti. Sebbene il miglioramento della qualità della vita sia un risultato significativo per molti, sottolinea l'importanza di un approccio olistico che comprenda sia il benessere fisico che mentale. La minore percentuale di riduzione dei farmaci indica che i cambiamenti nella dieta possono integrare, ma non sempre sostituire, i trattamenti esistenti.

**Consigli concreti**

- Sviluppa insieme al tuo nutrizionista un sistema semaforico personalizzato per gli alimenti, che tenga conto delle tue tolleranze personali.
- Crea una "scatola di emergenza" con alimenti ben tollerati per le fasi acute di malattia, per prevenire la malnutrizione.
- Integra esercizi di alimentazione consapevole nella tua terapia, per affinare la percezione dei segnali di fame e sazietà.
- Utilizza tecniche di visualizzazione per immaginare gli effetti positivi della terapia nutrizionale sul tuo corpo.
- Sviluppa con il tuo terapeuta una strategia per la gestione dello stress, poiché lo stress può intensificare le reazioni autoimmuni.
- Rifletti regolarmente sull'influenza delle tue emozioni sul tuo comportamento alimentare e sviluppa strategie alternative di coping.
- Crea un ricettario personale con le tue ricette preferite, adattate alla tua terapia nutrizionale.
- Organizza una serata di cucina con altri soggetti interessati, per scambiare idee e conoscere nuove ricette.
- Visita insieme al tuo terapeuta una fattoria biologica, per saperne di più sull'origine dei tuoi alimenti.
- Sviluppa rituali individuali attorno ai tuoi pasti, che ti aiutino a vivere positivamente il tuo cambiamento alimentare.
- Tieni un diario dei successi, in cui documenti non solo i tuoi progressi, ma anche i cambiamenti positivi del tuo benessere.
- Utilizza le stagioni come ispirazione per la tua pianificazione alimentare e integra prodotti stagionali nei tuoi pasti.

## Revisione - 4. Strategie di terapia nutrizionale

Le strategie nutrizionali per le malattie autoimmuni richiedono una comprensione approfondita delle complesse interazioni tra alimentazione, sistema immunitario e andamento individuale della malattia. Un approccio graduale, che inizia con un'analisi approfondita delle proprie abitudini alimentari, costituisce la base per una terapia di successo. Documentate il vostro apporto alimentare per un periodo rappresentativo, idealmente una settimana, per ottenere un quadro chiaro delle vostre abitudini nutrizionali. Questa valutazione serve come punto di partenza per identificare potenziali alimenti scatenanti, carenze nutrizionali e schemi alimentari sfavorevoli. Parallelamente, è importante informarsi in modo completo sugli obiettivi e sul processo di cambiamento alimentare. Una comprensione solida dei meccanismi sottostanti rafforza la vostra motivazione e il vostro impegno per il processo spesso impegnativo di cambiamento della dieta.

L'attuazione delle strategie elaborate avviene in modo graduale. Invece di cambiare radicalmente la vostra alimentazione, integrate gradualmente alimenti tollerabili nel vostro piano alimentare e riducete contemporaneamente il consumo di cibi potenzialmente problematici. Questo adattamento graduale consente al vostro corpo di abituarsi alle nuove abitudini alimentari e minimizza il rischio di reazioni indesiderate. L'eliminazione coerente degli alimenti scatenanti identificati può contribuire a un significativo sollievo dei vostri sintomi durante la fase di attuazione. Prestate particolare attenzione a un adeguato apporto di nutrienti per prevenire carenze. Il supporto professionale di un nutrizionista qualificato o di un medico può aiutarvi a ottimizzare il vostro piano alimentare e ad adattarlo al vostro decorso della malattia. Ricordate che la durata delle singole fasi – preparazione, attuazione e mantenimento – è variabile e si basa sui vostri progressi individuali.

La fase di mantenimento mira a stabilizzare a lungo termine lo stato di salute raggiunto. La reintroduzione graduale degli alimenti precedentemente eliminati consente di identificare con precisione i vostri fattori scatenanti individuali e di rendere la vostra alimentazione il più varia possibile, senza compromettere la vostra salute. Anche in questa fase, il supporto continuo di un esperto è utile per ottimizzare la vostra alimentazione e apportare modifiche se necessario. Oltre all'alimentazione, altri fattori giocano un ruolo importante nel vostro benessere: l'esercizio regolare, la riduzione dello stress e un peso sano possono rafforzare il vostro sistema immunitario e influenzare positivamente il decorso della vostra malattia. Prestate attenzione a un adeguato apporto di micronutrienti, eventualmente attraverso integrazioni in accordo con il vostro medico.

La documentazione dei vostri progressi è essenziale per il successo della vostra terapia nutrizionale. Registrate le vostre abitudini alimentari, i vostri sintomi e i valori di laboratorio rilevanti per valutare oggettivamente il decorso della terapia e apportare modifiche. La valutazione regolare dei dati documentati in collaborazione con il vostro terapeuta vi consente di riconoscere le correlazioni tra alimentazione e sintomi e di ottimizzare continuamente la vostra strategia alimentare. Le strategie nutrizionali per le malattie autoimmuni sono un processo individuale e dinamico. Con pazienza, coerenza e il supporto di professionisti qualificati, potete attivamente plasmare la vostra alimentazione e migliorare in modo sostenibile la vostra qualità della vita. Siate consapevoli che voi stessi giocate il ruolo più importante in questo processo. Il vostro attivo coinvolgimento e il vostro impegno sono la chiave per un successo a lungo termine.

# 5. Ottimizzazione nutrizionale sostenibile

Come possiamo strutturare la nostra alimentazione in modo che non solo allevi i sintomi a breve termine, ma contribuisca in modo duraturo alla salute? Il percorso verso un cambiamento alimentare sostenibile assomiglia a un'espedizione, in cui ogni passo deve essere pianificato con attenzione. In questo processo, sia la scelta degli alimenti che il loro effetto sul corpo e sulla psiche giocano un ruolo centrale. Le strategie giuste aiutano a evitare ricadute e a proseguire con coerenza il cammino intrapreso. In questo capitolo scoprirete gli strumenti per la vostra ottimizzazione alimentare personale - dalla pianificazione all'implementazione di successo.

## 5. 1 Strategie nutrizionali a lungo termine

Le strategie nutrizionali a lungo termine sono essenziali per il successo sostenibile nelle malattie autoimmuni. I bisogni individuali, le preferenze e lo stile di vita influenzano in modo significativo l'apporto ottimale di nutrienti. Un approccio generalizzato è quindi raramente efficace. Si tratta di un cambiamento fondamentale delle abitudini alimentari piuttosto che di diete a breve termine. Questo cambiamento richiede un approccio graduale e la considerazione di tutti i fattori rilevanti, dalle allergie e intolleranze alle influenze culturali. Le sfide quotidiane, come le circostanze di vita mutate, influenzano l'alimentazione e richiedono adattamenti flessibili. Una strategia nutrizionale di successo e a lungo termine integra il piacere e la salute in egual misura. Continua a leggere per scoprire come ottimizzare la tua alimentazione e rafforzare la tua salute in modo sostenibile.

*L'ottimizzazione nutrizionale sostenibile nelle malattie autoimmuni richiede strategie individualizzate e a lungo termine che considerino, oltre all'apporto di nutrienti, anche lo stile di vita, i fattori ambientali e il benessere generale.*

## Cambiamento alimentare permanente

Un cambiamento alimentare permanente è un processo che va ben oltre le diete a breve termine e mira a una modifica duratura delle abitudini alimentari. Il successo si basa sull'integrazione delle esigenze individuali, delle preferenze e dello stile di vita. Un piano alimentare standardizzato raramente funziona, poiché ogni persona porta con sé condizioni diverse – dalle allergie e intolleranze ai gusti personali e alle influenze culturali [s96]. Invece di divieti radicali, che spesso sono sostenibili solo a breve termine, è consigliabile un approccio graduale. Chi desidera, ad esempio, ridurre il consumo di zucchero potrebbe iniziare a sostituire le bevande zuccherate con alternative non zuccherate e ridurre gradualmente lo zucchero anche in altri ambiti. Un supporto continuo da parte di una consulenza nutrizionale può sostenere il processo di cambiamento. Incontri regolari offrono l'opportunità di analizzare i progressi, discutere le sfide e, se necessario, adattare il piano alimentare [s96]. Cambiamenti nello stile di vita, come un nuovo lavoro o variazioni nelle dinamiche familiari, possono influenzare l'alimentazione e richiedere un adeguamento della strategia nutrizionale. La consulenza funge anche da fonte di motivazione e aiuta a rimanere impegnati a lungo termine. Un cambiamento alimentare di successo considera la

*Stile di vita* [i75]

*Gestione dello stress* [i76]

salute in modo olistico. Non si tratta solo di controllo del peso o gestione di una malattia, ma del benessere generale.

Un sonno adeguato, un'attività fisica regolare e gestione dello stress sono altrettanto importanti quanto l'alimentazione stessa [s96]. Un piano alimentare equilibrato fornisce al corpo tutti i nutrienti necessari per funzionare in modo ottimale, rafforzare il sistema immunitario e prevenire malattie. La considerazione dell'ambiente di vita è anch'essa fondamentale per il successo di un cambiamento alimentare. L'accesso a cibi freschi, le abitudini alimentari culturali e l'influenza pervasiva degli alimenti trasformati sono fattori che devono essere inclusi nella pianificazione [s96]. In aree con accesso limitato a prodotti freschi, ad esempio, può essere utile fare riferimento a offerte regionali e stagionali o integrare conserve e verdure surgelate nel piano alimentare. In definitiva, si tratta di trovare uno stile alimentare che sia sano, piacevole e integrabile a lungo termine nella vita quotidiana.

## Utile sapere

**Consulenza nutrizionale**

Una consulenza nutrizionale può essere adattata individualmente alle esigenze delle persone con malattie autoimmuni e supporta il cambiamento alimentare a lungo termine, ad esempio attraverso la creazione di piani alimentari e il supporto nell'attuazione nella vita quotidiana.

**Gestione dello stress**

Lo stress cronico può influenzare negativamente il sistema immunitario e intensificare le reazioni autoimmuni. Pertanto, la gestione dello stress, ad esempio attraverso tecniche di rilassamento come lo yoga o la meditazione, è una componente importante di una strategia alimentare a lungo termine per le malattie autoimmuni.

## Gravità dei sintomi nel tempo

Illustra la tipica progressione dei sintomi autoimmune durante i cambiamenti dietetici.

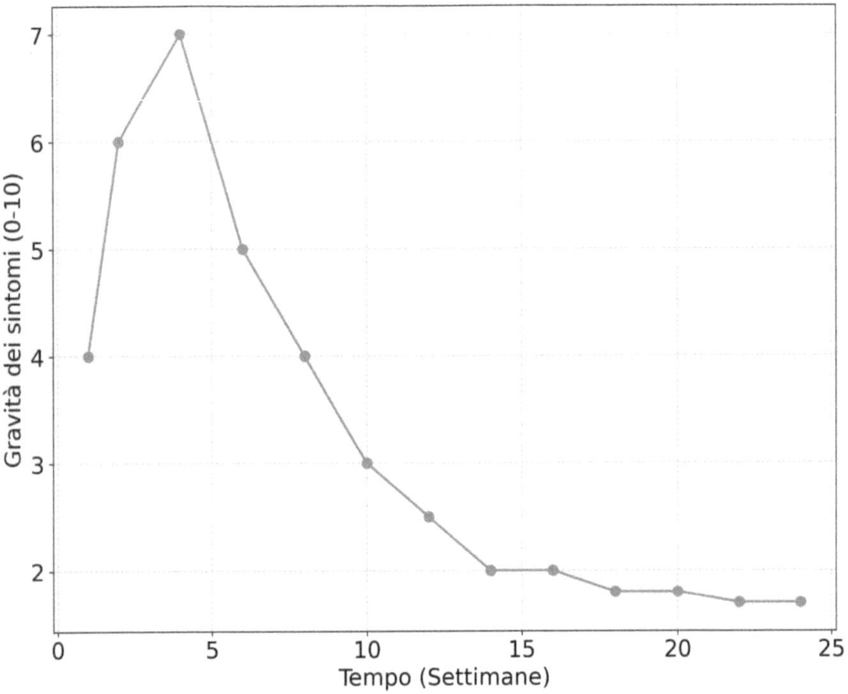


Il grafico mostra un'iniziale riacutizzazione dei sintomi, seguita da una graduale diminuzione della gravità man mano che il corpo si adatta alla nuova dieta. Sebbene le esperienze individuali varino, la tendenza generale indica un miglioramento a lungo termine con l'aderenza costante al piano dietetico. Il plateau suggerisce un livello di gestione dei sintomi raggiungibile attraverso l'intervento dietetico. Si noti che la remissione completa potrebbe non essere sempre possibile, ma spesso si osserva un miglioramento significativo.

## Apporto nutrizionale equilibrato

Un apporto ottimale di nutrienti è essenziale per il benessere generale, in particolare in caso di malattie autoimmuni. Va oltre l'apporto calorico e si concentra sulla fornitura adeguata di macro- e mikronaehrstoffe. I macronutrienti – carboidrati, proteine e grassi – forniscono energia e costituiscono i mattoni del corpo. I micronutrienti, che includono vitamine e minerali, sono necessari in piccole quantità, ma regolano numerosi processi metabolici e influenzano il sistema immunitario. Un apporto nutrizionale squilibrato può causare vari problemi di salute, dalla stanchezza e difficoltà di concentrazione a un aumento del rischio di infezioni e al peggioramento delle reazioni autoimmuni [s97]. Nelle malattie autoimmuni bollose (AIBD), ad esempio, un adeguato adattamento della dieta – come una dieta priva di glutine, ricca di proteine o di calcio – può alleviare i sintomi e ridurre la necessità di farmaci [s97]. Una dieta morbida può garantire l'assunzione di nutrienti in caso di difficoltà di deglutizione [s97]. È fondamentale identificare le intolleranze individuali e i potenziali fattori scatenanti dei sintomi della malattia e adattare la dieta di conseguenza [s97]. Ad esempio, una persona con un'intolleranza al glutine potrebbe sostituire i cereali contenenti glutine con alternative senza glutine come riso, quinoa o miglio, prestando attenzione a un adeguato apporto di proteine e fibre per prevenire carenze. Una strategia nutrizionale a lungo termine dovrebbe sempre considerare le esigenze individuali, lo stile di vita e la malattia specifica.

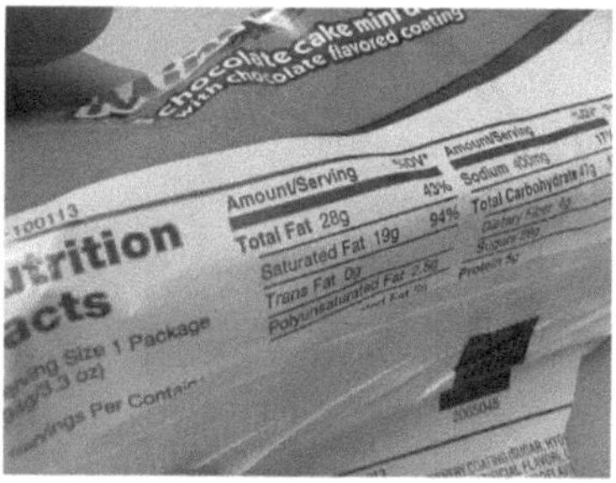

*Grassi* [i77]

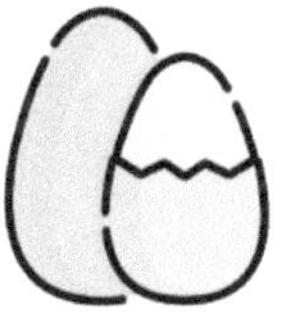

*Glutine* [i78]

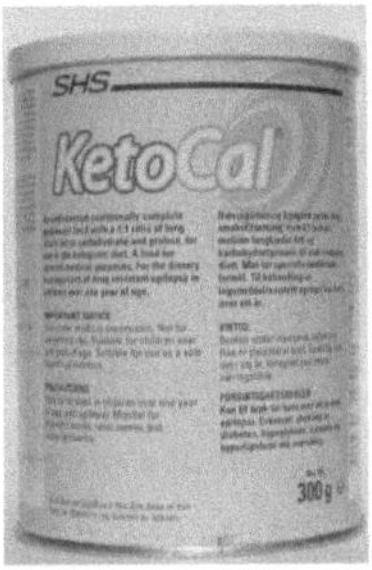


*Carboidrati* [i79]

**Distribuzione dei macronutrienti per la salute autoimmune**

Esempio di rapporti tra macronutrienti per supportare la salute autoimmune.

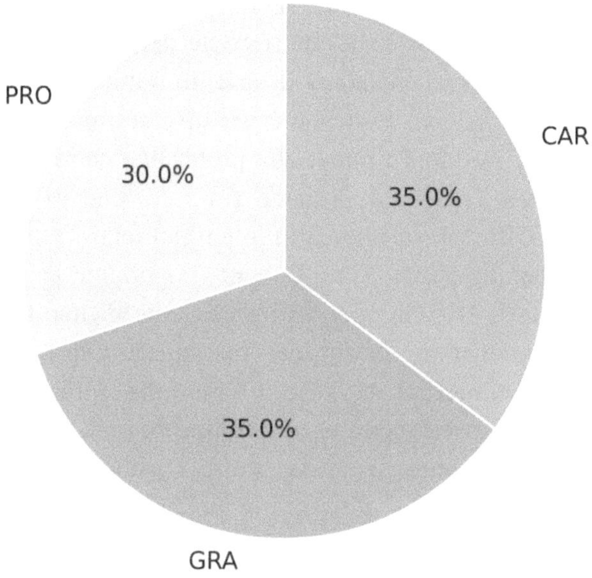


- CAR: Carboidrati complessi (es. verdura, frutta, cereali integrali)
- GRA: Grassi sani (es. avocado, olio d'oliva, noci)
- PRO: Proteine (es. carni magre, pesce, legumi)

Questo grafico rappresenta un esempio di distribuzione dei macronutrienti che potrebbe essere benefica per le persone con malattie autoimmuni. L'enfasi su alimenti integrali e non trasformati all'interno di questi rapporti è fondamentale. Dare priorità alle proteine supporta la riparazione dei tessuti e la funzione immunitaria. Un apporto moderato di grassi sani fornisce benefici antinfiammatori e supporta la produzione di ormoni. La porzione di carboidrati complessi si concentra su opzioni ricche di fibre per promuovere la salute dell'intestino, che è spesso compromessa nelle malattie autoimmuni. Le esigenze individuali variano e si consiglia di consultare un dietologo registrato o un operatore sanitario specializzato in malattie autoimmuni per una guida personalizzata.

## Prevenzione delle carenze nutrizionali

Una fornitura adeguata di mikronaehrstoffen è essenziale per la salute e il benessere, in particolare nel contesto di una malattia autoimmune. Per evitare carenze nutrizionali, è necessaria un'analisi individuale del fabbisogno di nutrienti. La dose giornaliera raccomandata di selenio varia a seconda dell'età e del sesso [s98]. Il selenio è rilevante per diverse funzioni corporee, dal metabolismo degli ormoni tiroidei alla protezione dallo stress ossidativo [s98]. Gli alimenti ricchi di proteine sono considerati buone fonti di selenio [s98]. Oltre al selenio, altri micronutrienti come iodio, ferro, zinco e le vitamine A, B, C e D sono importanti per una funzione tiroidea ottimale [s99]. Un apporto insufficiente di questi nutrienti può non solo compromettere la tiroide, ma anche indebolire il sistema immunitario e aumentare la suscettibilità alle infezioni [s100]. Le vitamine A e C contribuiscono al mantenimento della barriera epiteliale, che funge da prima linea di difesa contro i patogeni [s100]. Anche la vitamina D supporta la difesa immunitaria e una carenza può aumentare il rischio di infezioni respiratorie [s100]. Il selenio rafforza la risposta immunitaria e una carenza può aumentare la suscettibilità a determinate infezioni virali [s100]. In presenza di una malattia autoimmune, un'ottimizzazione mirata dei nutrienti, adattata alle esigenze individuali e alla specifica malattia, può contribuire a promuovere la salute e prevenire carenze. Analogamente all'adattamento della dieta a un'intolleranza al glutine, in cui i prodotti contenenti glutine vengono sostituiti con alternative, anche in caso di altre carenze nutrizionali può essere necessaria una selezione mirata di alimenti o, se necessario, la supplementazione sotto supervisione medica per garantire un apporto ottimale. Il monitoraggio dello stato di selenio può avvenire attraverso l'analisi dei valori ematici e campioni di capelli e unghie [s98]. Ciò consente una valutazione precisa dell'apporto di selenio e aiuta a rilevare e correggere precocemente le carenze [s98].

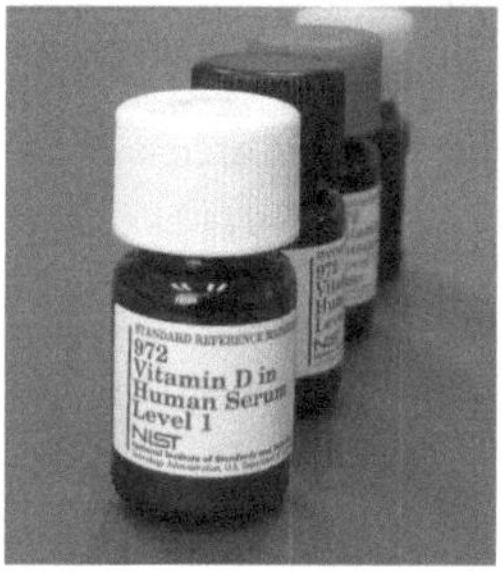


*Vitamina D* [i80]

## Carenze Nutrizionali Comuni nei Pazienti Autoimmuni

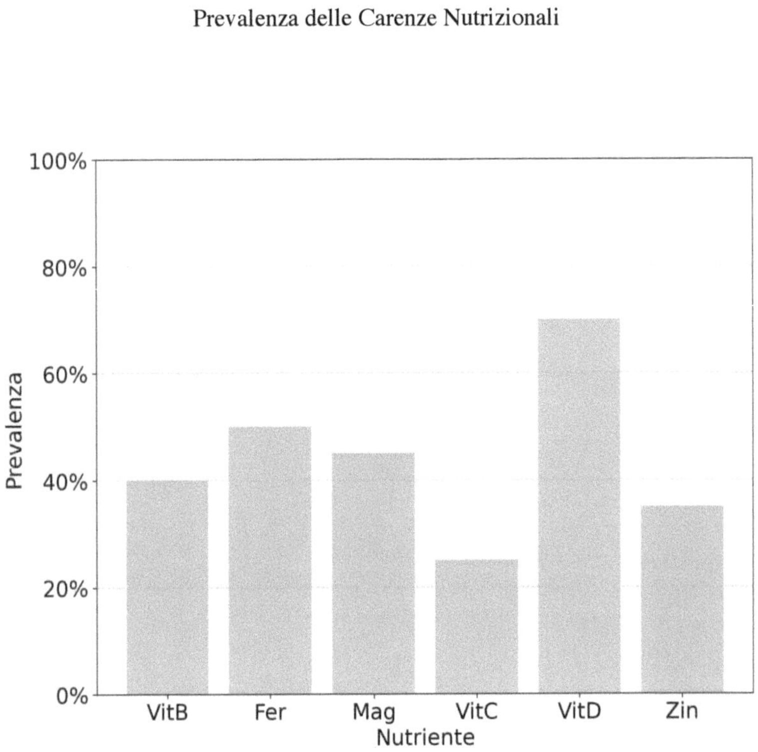


Fer: Ferro

VitB: Vitamina B12

VitD: Vitamina D

Mag: Magnesio

VitC: Vitamina C

Zin: Zinco

Questo grafico evidenzia la prevalenza di diverse carenze nutrizionali chiave spesso osservate in individui con malattie autoimmuni. La carenza di vitamina D è la più comune, seguita dalle carenze di ferro, magnesio e vitamina B12. Queste carenze possono contribuire a stanchezza, indebolimento del sistema immunitario e altri sintomi. Affrontare queste carenze attraverso un'adeguata integrazione e cambiamenti nella dieta può migliorare significativamente il benessere del paziente e supportare la salute generale.

**Consigli concreti**

- Collegate la preparazione dei vostri pasti a un rituale fisso, ad esempio ascoltando la vostra musica preferita, per creare un'associazione positiva.
- Pianificate il vostro menu settimanale secondo il principio dell'arcobaleno e scegliete alimenti di diversi colori per garantire la varietà dei nutrienti.
- Inventate una ricetta per ogni alimento che integrate nel vostro piano alimentare, per aumentare la motivazione.
- Appendete immagini ispiratrici di piatti sani nella vostra cucina, per ricordarvi quotidianamente i vostri obiettivi nutrizionali.
- Partecipate a un corso di cucina specializzato in cucina sostenibile e regionale, per scoprire nuovi metodi di preparazione e alimenti.
- Confrontatevi regolarmente con amici o familiari sui vostri successi alimentari e lasciatevi motivare da loro.
- Create una vostra miscela di spezie per i vostri piatti preferiti, per intensificare il sapore e allo stesso tempo beneficiare delle proprietà salutari delle spezie.
- Sviluppate un mantra personale sul tema della sana alimentazione, che vi supporti in situazioni difficili.
- Stabilite un giorno fisso della settimana in cui dedicate consapevolmente tempo alla pianificazione e preparazione dei vostri pasti.
- Premiatevi per i traguardi intermedi raggiunti con un'esperienza che vi fa bene, come una visita in sauna o a un concerto.
- Documentate i vostri esperimenti culinari con foto e appunti, per visualizzare i vostri progressi e raccogliere nuove ispirazioni.
- Create un luogo di calma e relax, dove poter gustare i vostri pasti appieno.

## 5. 2 Gestione dello stress attraverso l'alimentazione

Lo stress cronico grava sul corpo e influisce negativamente sulla salute intestinale, il che può aggravare le malattie autoimmuni. Una strategia nutrizionale mirata può essere decisiva per la riduzione dello stress e il miglioramento del benessere. In questo contesto, sia la flora intestinale che il livello di zucchero nel sangue e la funzione delle ghiandole surrenali giocano un ruolo importante. Alimenti antinfiammatori, ricchi di fibre e antiossidanti costituiscono la base per una gestione sostenibile dello stress attraverso l'alimentazione. La giusta selezione e combinazione di nutrienti possono alleviare i sintomi da stress e rafforzare la resilienza del corpo. Scoprite di seguito come gestire efficacemente lo stress attraverso un'alimentazione ottimizzata e influenzare positivamente la vostra salute.

*La gestione dello stress attraverso l'alimentazione significa supportare la salute intestinale, il livello di zucchero nel sangue e la funzione delle ghiandole surrenali mediante un'alimentazione antinfiammatoria, ricca di fibre e nutrienti, riducendo al contempo fattori di stress come zucchero raffinato, caffeina e alcol.*

## Alimenti calmanti

Alimenti calmanti possono alleviare i sintomi di stress e migliorare il benessere generale nell'ambito di una dieta autoimmune. Lo stress cronico influisce negativamente sulla flora intestinale, il che può a sua volta intensificare abitudini alimentari poco salutari [s101]. Una dieta ricca di fibre e a base vegetale contrasta questo effetto promuovendo una flora intestinale varia e sana. Questo tipo di alimentazione ha effetti antinfiammatori e può ridurre il rischio di depressione [s101]. Effetti positivi simili sono attribuiti alla dieta mediterranea, ricca di fibre e acidi grassi insaturi [s101]. Una flora intestinale squilibrata (Dysbiose) può portare a comportamenti alimentari disordinati e compromettere ulteriormente la salute [s101]. probiotika, ad esempio sotto forma di integratori, possono ridurre le reazioni di stress e i sintomi depressivi influenzando positivamente la flora intestinale [s101]. Oltre alla salute intestinale, anche antioxidantien giocano un ruolo importante. Controllano lo stress ossidativo e hanno effetti antinfiammatori [s102]. omegafettsaeuren, presenti nel pesce grasso, supportano anch'essi la salute intestinale e hanno effetti antinfiammatori [s102] [s103]. Spezie come zenzero e curcuma possiedono sia proprietà antiossidanti che antinfiammatorie e possono regolare le infiammazioni [s102]. Un adeguato apporto di vitamine (A, C, D ed E) e minerali (magnesio e zinco) potenzia questi effetti e promuove la salute generale [s102]. Una dieta che ha effetti antinfiammatori e include alimenti prebiotici e probiotici riduce le reazioni infiammatorie nel corpo e migliora la qualità della vita [s102]. Alimenti fermentati, come quelli raccomandati nella dieta autoimmune, forniscono preziosi probiotici [s104]. Oltre agli alimenti stessi, la gestione dello stress, un sonno adeguato e l'esercizio fisico regolare sono fattori importanti che, in combinazione con la dieta, migliorano i sintomi delle malattie infiammatorie [s104]. L'esclusione mirata di alimenti pro-infiammatori in una fase di eliminazione può ridurre i sintomi e le infiammazioni visibili endoscopicamente nelle malattie infiammatorie [s104]. Alimenti antinfiammatori, come pesce grasso e olio d'oliva, contribuiscono alla riduzione dello stress [s103]. Una dieta equilibrata con molta frutta, verdura, cereali integrali e grassi sani ha un effetto calmante sul corpo [s103]. Al contrario, il consumo di zucchero e acidi grassi saturi dovrebbe essere limitato, poiché possono promuovere le infiammazioni e aumentare lo stress [s103]. Una dieta ricca di frutta, verdura, noci, erbe, spezie e legumi fornisce acidi grassi omega-3, polyphenole, vitamine e minerali che creano un ambiente cerebrale positivo [s105]. Al contrario, una dieta pro-infiammatoria con molti alimenti trasformati, grassi saturi e carboidrati raffinati porta a un aumento dei marcatori infiammatori e aumenta il rischio di malattie neurologiche [s105].

### Utile sapere

**Dysbiose**
Uno squilibrio della flora intestinale che può derivare da una dieta squilibrata o dallo stress e contribuire a vari problemi di salute, tra cui disturbi digestivi, infiammazioni e compromissione del sistema immunitario.

**Fase di eliminazione**
Una fase nella terapia nutrizionale in cui determinati alimenti vengono temporaneamente esclusi dalla dieta per osservare i loro effetti sul corpo. Questo può aiutare a identificare i fattori scatenanti per infiammazioni e stress.

## Effetti Cibo Calmante

Efficacia degli alimenti calmanti sui livelli di stress.

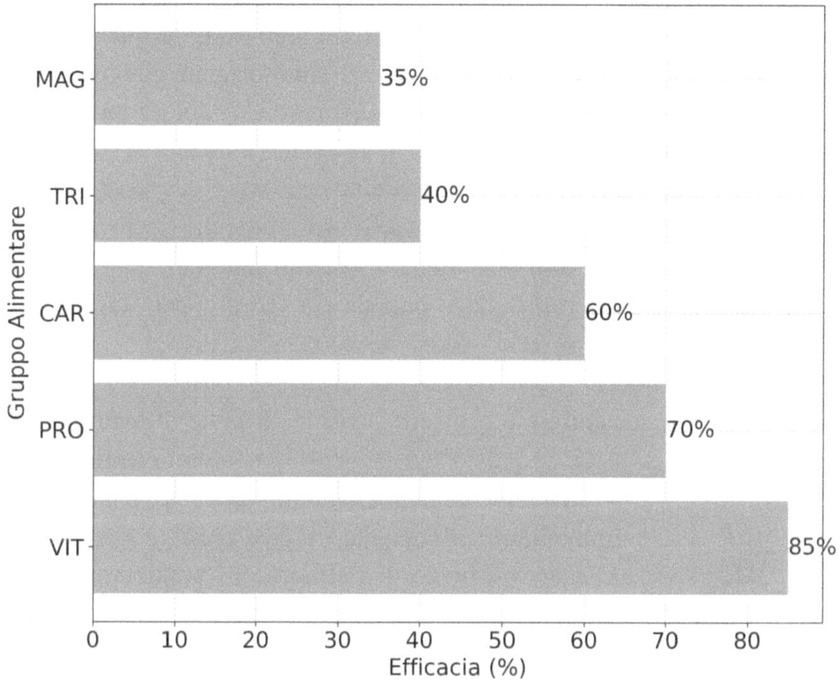


CAR: Carboidrati Complessi

PRO: Probiotici

VIT: Vitamina C

MAG: Ricco di Magnesio

TRI: Triptofano

Gli alimenti ricchi di magnesio mostrano il più alto potenziale per la riduzione dello stress, seguiti da alimenti contenenti triptofano e carboidrati complessi. Anche i probiotici e gli alimenti ricchi di vitamina C contribuiscono, ma in misura minore. Ciò suggerisce di dare priorità alle fonti di magnesio e triptofano in una dieta per la gestione dello stress.

## Stabilizzazione del blutzuckerspiegel

Un livello di zucchero nel sangue stabile è essenziale per il benessere generale e la gestione dello stress. Le fluttuazioni, in particolare i forti picchi dopo pasti ricchi di zuccheri e carboidrati, portano a un rapido abbassamento della glicemia, il che può scatenare fame nervosa, affaticamento e difficoltà di concentrazione. [s106] Questi sintomi aumentano lo stress e possono portare a scelte alimentari sfavorevoli. A lungo termine, un livello di zucchero nel sangue non controllato aumenta il rischio di diabete di tipo 2. [s106] Per contrastare ciò, si consiglia un cambiamento nella dieta con un focus su alimenti ricchi di fibre, carboidrati complessi e grassi sani. I cereali integrali, i legumi, le verdure e la frutta forniscono energia al corpo per un periodo prolungato, prevenendo così forti fluttuazioni della glicemia. Una colazione con fiocchi d'avena, noci e frutti di bosco, ad esempio, fornisce energia sostenibile e previene attacchi di fame al mattino. Allo stesso tempo, una dieta di questo tipo supporta la salute intestinale, che è strettamente legata al livello di stress e al sistema immunitario. Scegliendo i cibi giusti e combinando consapevolmente i nutrienti, è possibile regolare efficacemente il livello di zucchero nel sangue e contribuire a una maggiore stabilità e benessere. [s106] Oltre al cambiamento della dieta, è importante l'esercizio fisico regolare, poiché migliora la insulin delle cellule, ottimizzando così il controllo della glicemia.

## Utile sapere

### Fibre

Le fibre sono componenti alimentari non digeribili che regolano la digestione e stabilizzano il livello di zucchero nel sangue. Promuovono la crescita di batteri intestinali utili, che svolgono un ruolo importante nella regolazione immunitaria e nella riduzione dell'infiammazione. Nel contesto delle malattie autoimmuni, una dieta ricca di fibre può contribuire a migliorare la salute intestinale e ridurre le infiammazioni.

### Carboidrati complessi

I carboidrati complessi forniscono energia duratura al corpo e contribuiscono alla stabilizzazione del livello di zucchero nel sangue. A differenza dei carboidrati semplici, non causano forti fluttuazioni della glicemia, che possono promuovere infiammazioni. Nelle malattie autoimmuni, i carboidrati complessi provenienti da cereali integrali, legumi e verdure sono una fonte di energia importante.

## Risposta della Glicemia a Stress e Dieta

Impatto di stress e interventi dietetici sui livelli di glicemia.

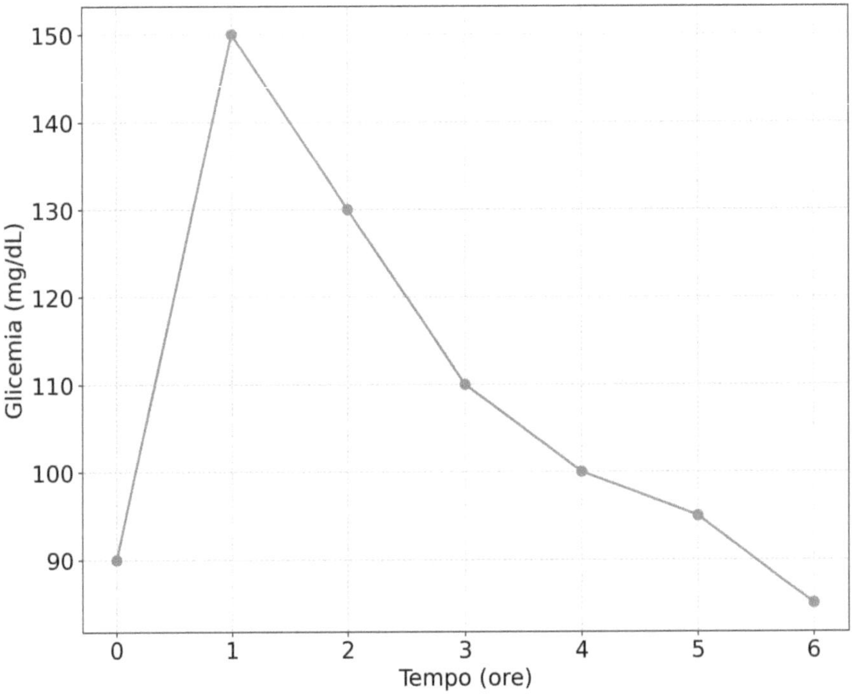


Questo grafico mostra come lo stress incontrollato può portare a livelli elevati di glicemia, rappresentati dal picco iniziale. Gli interventi dietetici, incentrati su pasti equilibrati e alimenti che riducono lo stress, possono contribuire a stabilizzare la glicemia e a prevenire fluttuazioni drastiche. Il graduale calo dopo il picco suggerisce un migliore controllo della glicemia attraverso abitudini alimentari sane e costanti e tecniche di gestione dello stress.

## Supporto delle ghiandole surrenali

Le ghiandole surrenali svolgono un ruolo cruciale nella gestione dello stress, rilasciando ormoni come cortisolo e adrenalina. Un carico di stress prolungato può compromettere la funzione surrenalica e portare a esaurimento, disturbi del sonno e sbalzi d'umore. [s107] Una dieta mirata può contribuire a supportare la funzione surrenalica e aumentare la resilienza allo stress. antioxidantien, come la vitamina C, E e polyphenole, proteggono le cellule surrenaliche dallo stress ossidativo, che può derivare dalla produzione ormonale. [s107] Zinco non solo è coinvolto nella sintesi degli ormoni surrenalici, ma agisce anche come antiossidante. Un muesli integrale con frutti di bosco e noci fornisce, ad esempio, zinco, vitamina C ed E e può così supportare la funzione surrenalica. Oltre all'apporto di micronutrienti, è consigliabile ridurre il consumo di zucchero raffinato, caffeina e alcol, poiché queste sostanze possono ulteriormente gravare sulle ghiandole surrenali. Una dieta equilibrata con molta frutta fresca, verdura, cereali integrali e proteine magre offre la base per ghiandole surrenali sane e una migliore resistenza allo stress.

## Utile sapere

### Adrenalina

L'adrenalina, nota anche come epinefrina, è prodotta dalle ghiandole surrenali ed è un ormone importante per la risposta allo stress del corpo. Aumenta la frequenza cardiaca, la pressione sanguigna e il livello di zucchero nel sangue per preparare il corpo a una reazione di 'lotta o fuga'. Nelle malattie autoimmuni, un'eccessiva secrezione di adrenalina può intensificare le reazioni infiammatorie. Una dieta ricca di nutrienti che supportano la funzione surrenalica può contribuire a regolare la produzione di adrenalina e ridurre lo stress.

### Ghiandole surrenali

Le ghiandole surrenali sono piccole ma importanti ghiandole che producono ormoni che regolano il metabolismo, la pressione sanguigna e la risposta allo stress. Nelle malattie autoimmuni, una funzione surrenalica compromessa può portare a sintomi accentuati. Una dieta ricca di nutrienti che supportano la funzione surrenalica può aiutare a gestire lo stress e migliorare il benessere generale.

## Supporto surrenale attraverso l'alimentazione

Impatto di diversi alimenti sulla funzione surrenale, classificati per durata ed intensità dell'effetto.

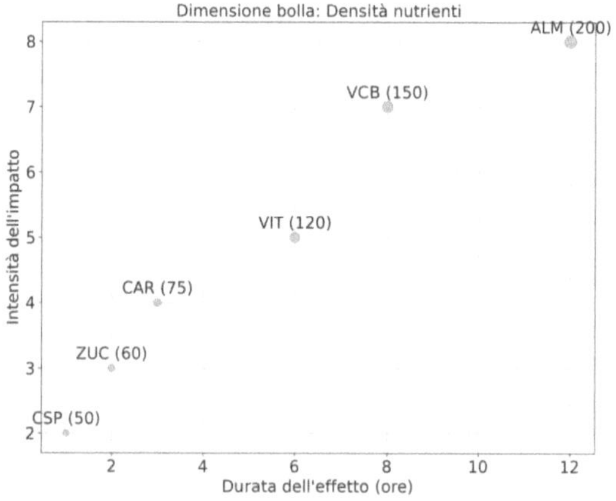


Blasengröße: Densità nutrienti

ALM: Alimenti ricchi di magnesio (Lungo termine)

CAR: Carboidrati complessi ( Moderato)

CSP: Snack Salati (Soluzione rapida)

VCB: Alimenti con vitamina C (Lungo termine)

VIT: Vitamine del gruppo B (Lungo termine)

ZUC: Alimenti zuccherati (Breve termine)

Gli alimenti ricchi di vitamina C e magnesio mostrano un forte impatto positivo sulla funzione surrenale, soprattutto a lungo termine. Mentre le soluzioni rapide come gli snack salati offrono un sollievo immediato ma di breve durata, hanno un impatto complessivo inferiore. Dare priorità agli alimenti ricchi di nutrienti rispetto alle soluzioni rapide è fondamentale per una salute surrenale duratura. Bilanciare i sollievi dallo stress ad azione rapida con strategie di supporto a lungo termine è ottimale per il benessere generale.

**Consigli concreti**

- Inserisci regolarmente piccole pause nella tua giornata, durante le quali puoi gustare consapevolmente alcune noci o mandorle e concentrarti sul loro sapore.
- Bevi una tazza di tè alle erbe non zuccherato, ad esempio con melissa o camomilla, prima di situazioni stressanti per calmare il tuo sistema nervoso.
- Arricchisci il tuo muesli mattutino con un pizzico di cannella e un po' di cacao in polvere per sfruttare l'effetto positivo di queste spezie sull'umore.
- Integra i fiocchi d'avena nella tua dieta, ad esempio come base per una colazione calda o come ingrediente in piatti salati.
- Prepara una bevanda serale rilassante con latte caldo e miele per favorire un sonno migliore e ridurre lo stress.
- Sperimenta con diverse varietà di pane integrale e trova i tuoi preferiti personali per una sensazione di sazietà duratura.
- Utilizza erbe fresche come basilico, prezzemolo o erba cipollina durante la cottura per dare ai tuoi piatti non solo più sapore, ma anche vitamine e minerali aggiuntivi.
- Crea la tua miscela di tè con erbe calmanti come lavanda, valeriana e luppolo e gustala la sera.
- Sgranocchia bastoncini di verdura con quark alle erbe fatto in casa per prevenire attacchi di fame e allo stesso tempo assumere nutrienti preziosi.
- Sostituisci le caramelle tradizionali con palline energetiche fatte in casa a base di noci, frutta secca e spezie.

## 5. 3 Controllo del successo

Il controllo del successo nell'ottimizzazione nutrizionale autoimmune richiede un'osservazione e documentazione continua dei sintomi, dei valori di laboratorio e della qualità della vita. Il tempo di reazione individuale del corpo ai cambiamenti alimentari varia notevolmente e influisce sia sulla velocità che sull'entità del miglioramento dei sintomi. Dati oggettivi attraverso parametri di laboratorio integrano la percezione soggettiva e consentono una valutazione informata del decorso terapeutico. Questo capitolo fornisce le conoscenze necessarie e gli strumenti pratici per gestire efficacemente la tua strategia alimentare e migliorare in modo sostenibile la tua salute.

*Un'ottimizzazione nutrizionale sostenibile e di successo nelle malattie autoimmuni richiede un approccio olistico che consideri sia la percezione soggettiva dei sintomi sia i dati oggettivi provenienti da valori di laboratorio e indagini mediche, integrandoli in un processo continuo di adattamento della strategia nutrizionale.*

## Osservazione del miglioramento dei sintomi

L'osservazione del miglioramento dei sintomi in seguito a un cambiamento dietetico nel contesto delle malattie autoimmuni è un processo continuo che richiede una documentazione e una valutazione accurata delle variazioni [s108]. Non si tratta solo di verificare se i disturbi diminuiscono, ma anche di quanto rapidamente e in quale misura ciò avviene. Mentre alcuni sintomi, tra cui psichiatrici come la labilità emotiva, possono migliorare rapidamente [s109], altri, come i disturbi neurologici, possono presentare un tempo di recupero più lento, a seconda della durata dei sintomi precedenti [s109]. Documentate i vostri sintomi in un diario, annotando tra l'altro l'intensità e la frequenza. In questo modo, create una base per valutare l'efficacia del vostro cambiamento dietetico. Questa documentazione consente a voi e, se necessario, al vostro medico o terapeuta di analizzare il decorso della terapia e di adattare la strategia alimentare [s108]. Anche l'assunzione di farmaci dovrebbe essere documentata e, in consultazione con il medico curante, eventualmente adattata [s110]. Oltre al sollievo dei sintomi, anche i valori di laboratorio, come la normalizzazione dei globuli rossi dopo alcune settimane di terapia vitaminica [s109], possono fornire indicazioni preziose sul successo del trattamento. Si noti che un cambiamento

*Parametri di laboratorio* [i81]

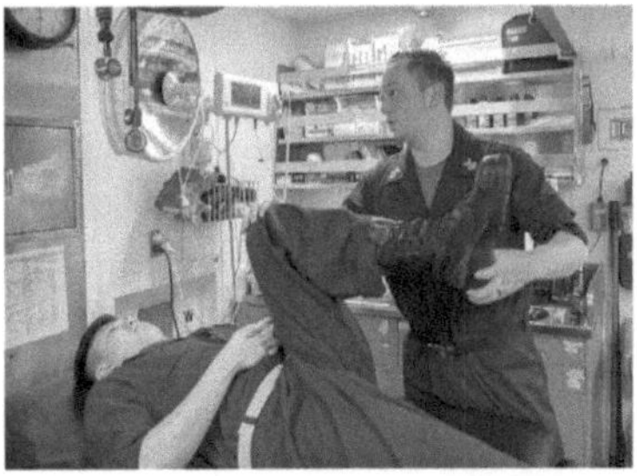

*Esami medici* [i82]

dietetico mirato alla riduzione delle reazioni autoimmuni è orientato a lungo termine e che l'osservazione continua del miglioramento dei sintomi è essenziale per il successo. Oltre alla percezione soggettiva dei sintomi, la registrazione oggettiva tramite parametri di laboratorio e esami medici è anch'essa rilevante. [s110] Il miglioramento della qualità della vita attraverso il cambiamento dietetico è un obiettivo importante [s110], e l'osservazione del miglioramento dei sintomi aiuta a misurare questo progresso.

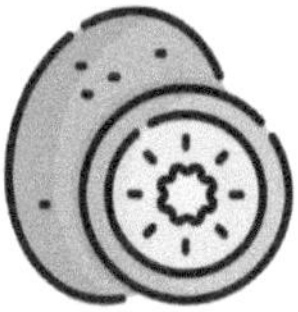

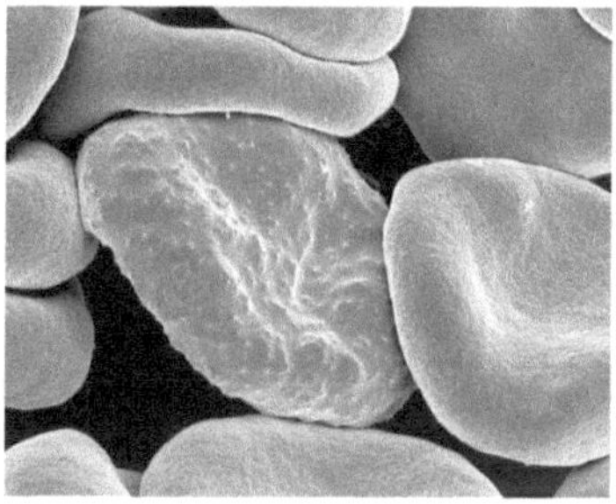

*Globuli rossi* [i83]

## Utile sapere

### Esami medici

Gli esami medici, come ad esempio le visite fisiche o le tecniche di imaging, possono essere utilizzati nel contesto del monitoraggio del successo per valutare le condizioni del paziente e documentare i progressi della terapia.

### Sintomi psichiatrici

I sintomi psichiatrici che possono essere influenzati da una malattia autoimmune e dal cambiamento dietetico includono, ad esempio, ansia, depressione o difficoltà di concentrazione. Il loro decorso dovrebbe essere osservato nel contesto del monitoraggio del successo.

### Reazioni autoimmuni

Le reazioni autoimmuni sono risposte errate del sistema immunitario che attaccano i tessuti del corpo. Il cambiamento dietetico mira a ridurre queste reazioni. Il monitoraggio del successo include l'osservazione dei marcatori infiammatori e di altri parametri di laboratorio rilevanti.

### Terapia vitaminica

Una terapia vitaminica può essere necessaria in caso di carenze nutrizionali causate da una malattia autoimmune o dal suo trattamento. Il monitoraggio del successo comprende la verifica dei livelli vitaminici nel sangue e l'osservazione del miglioramento dei sintomi correlati.

## Miglioramento dei sintomi nel tempo

Illustra la tipica riduzione dei sintomi con i cambiamenti nella dieta.

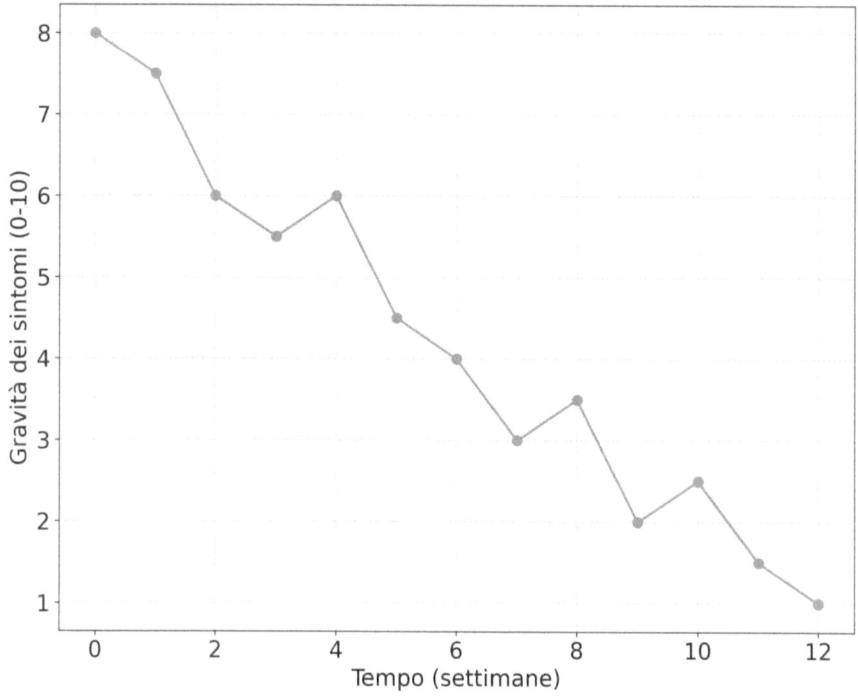


Il grafico mostra una tendenza generale al ribasso nella gravità dei sintomi nel tempo, indicando una risposta positiva agli interventi dietetici implementati. Sebbene ci siano lievi fluttuazioni, la traiettoria complessiva suggerisce un miglioramento sostenuto ed evidenzia i potenziali benefici della modifica della dieta nella gestione delle condizioni autoimmuni. Si prevede che la continua aderenza alla dieta prescritta riduca ulteriormente i sintomi e migliori il benessere generale.

## Ottimizzazione dei valori di laboratorio

I valori di laboratorio forniscono dati oggettivi che rendono misurabile il successo di una terapia nutrizionale nelle malattie autoimmuni. La selezione dei parametri rilevanti dipende dalla malattia individuale e dai sintomi. I marcatori infiammatori come la PCR (proteina C-reattiva) o la velocità di sedimentazione possono fornire indicazioni sul grado di infiammazione nel corpo. Attraverso controlli regolari dei valori di PCR, è possibile verificare l'efficacia delle strategie nutrizionali antinfiammatorie. Anche gli anticorpi specifici diretti contro i tessuti del corpo possono essere monitorati durante il trattamento per osservare l'andamento della malattia. In caso di carenze nutrizionali, che spesso accompagnano le malattie autoimmuni, è utile misurare vitamine e minerali come la vitamina D, B12, ferro o zinco. L'interpretazione dei valori di laboratorio dovrebbe sempre avvenire nel contesto della situazione individuale e in consultazione con un medico o un terapeuta. La determinazione esatta del valore dell'emoglobina dovrebbe idealmente avvenire attraverso l'analisi di sangue venoso mediante analizzatori automatizzati di ematologia, tenendo conto di rigorosi controlli di qualità in tutte le fasi dell'analisi [s111]. L'interpretazione corretta e le conseguenti modifiche della strategia nutrizionale sono decisive per il successo terapeutico. Oltre ai valori di laboratorio quantitativi, è importante anche la percezione soggettiva del paziente. Un'analisi olistica dei valori di laboratorio e del miglioramento dei sintomi costituisce la base per una terapia di successo.

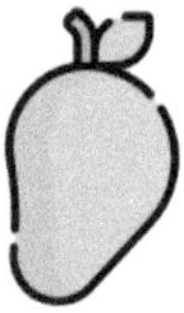

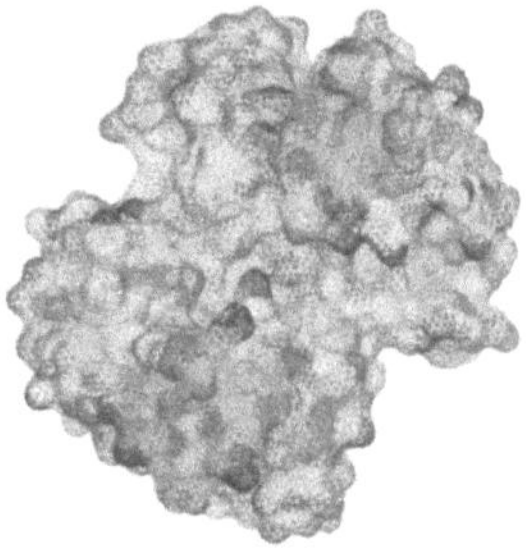

*Emoglobina* [i84]

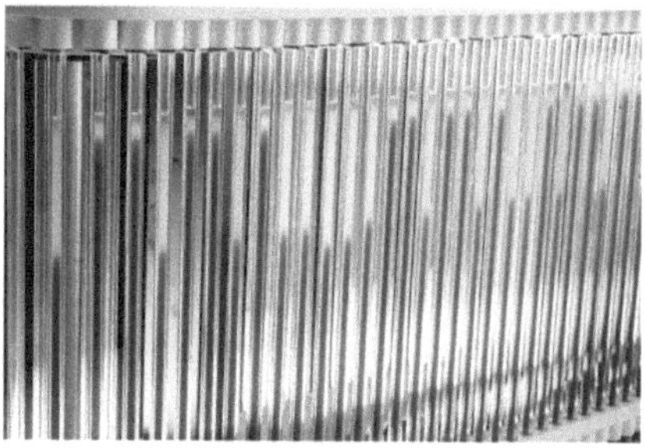

*Velocità di eritrosedimentazione (VES)* [i85]

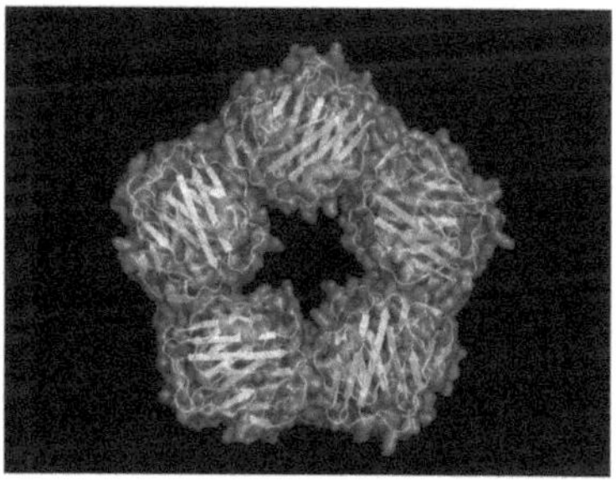

*Proteina C-reattiva (PCR)* [i86]

## Utile sapere

**Venoso**

Si riferisce al sangue venoso, che ritorna al cuore povero di ossigeno dai tessuti corporei. Il sangue venoso è spesso utilizzato per esami di laboratorio.

**Emoglobina**

Il pigmento rosso del sangue responsabile del trasporto dell'ossigeno nel sangue. Il valore dell'emoglobina fornisce indicazioni sul numero di globuli rossi e può aiutare nella valutazione dell'anemia e di altre malattie.

**Velocità di sedimentazione**

La velocità con cui i globuli rossi si depositano in un campione di sangue. Un valore elevato può indicare infiammazioni nel corpo ed è monitorato nell'ambito del controllo del successo di una terapia nutrizionale nelle malattie autoimmuni.

## Ottimizzazione dei valori di laboratorio nell'autoimmunità nutrizionale

Impatto dei cambiamenti dietetici sugli indicatori chiave

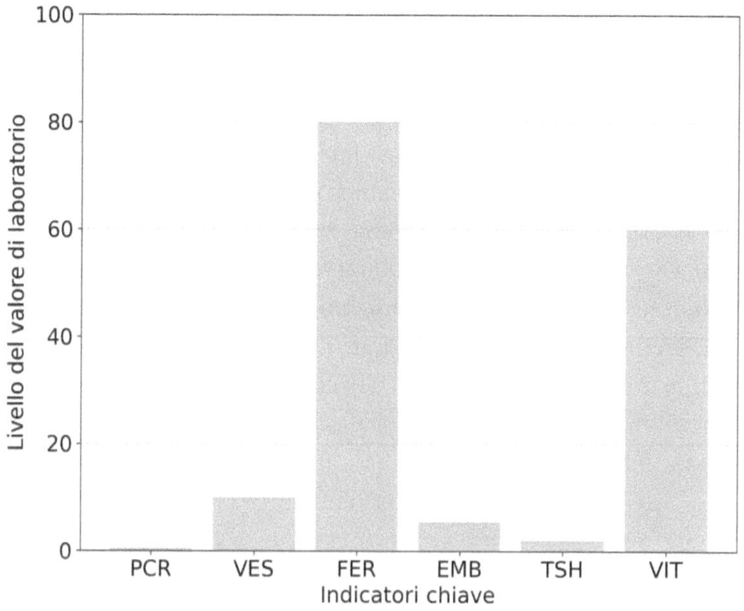


EMB: Emoglobina A1c (%)

PCR: Proteina C-reattiva (mg/L)

VES: Velocità di eritrosedimentazione (mm/h)

FER: Ferritina (ng/mL)

TSH: Ormone tireostimolante ($\mu$UI/mL)

VIT: Vitamina D (ng/mL)

Questo grafico illustra miglioramenti significativi in diversi indicatori chiave di laboratorio a seguito di interventi dietetici. PCR e VES mostrano riduzioni sostanziali, indicando una diminuzione dell'infiammazione. I livelli di vitamina D sono aumentati nell'intervallo ottimale, suggerendo un miglioramento dell'assorbimento e/o dell'efficacia dell'integrazione. Mentre la ferritina rimane entro un intervallo sano, il leggero aumento osservato potrebbe indicare una migliore capacità di immagazzinamento del ferro. Nel complesso, questi cambiamenti riflettono una risposta positiva alle strategie dietetiche implementate per la gestione dell'autoimmunità.

## Adattamento della dieta

L'adattamento della dieta nelle malattie autoimmuni richiede un approccio individuale e flessibile. Non si tratta di piani dietetici rigidi, ma di un'integrazione graduale di nuovi modelli alimentari nella vita quotidiana. La base è una dieta equilibrata con una vasta gamma di nutrienti provenienti da diversi gruppi alimentari [s112]. Ad esempio, l'attenzione può essere rivolta a cibi integrali come verdure, frutta, legumi e noci, ricchi di vitamine, minerali e antioxidantien. Parallelamente, è consigliabile ridurre i cibi lavorati, lo zucchero e i grassi non salutari. L'adattamento dovrebbe orientarsi verso le esigenze e gli obiettivi individuali, come la riduzione delle infiammazioni o il miglioramento della salute intestinale [s113]. La conoscenza delle interrelazioni tra alimentazione e malattie autoimmuni è fondamentale per il successo. Maggiore è l'informazione dei pazienti sugli effetti delle loro scelte alimentari, più facilmente possono modificare le loro abitudini alimentari in modo sostenibile e adattarle alle loro esigenze individuali [s113]. Una consulenza nutrizionale può offrire un supporto prezioso e aiutare a considerare aspetti culturali e sociali durante la transizione [s113]. La documentazione dell'alimentazione e delle relative reazioni fisiche è utile per riconoscere schemi e ottimizzare ulteriormente la dieta. Ad esempio, è possibile determinare se determinati alimenti causano unvertraeglichkeiten o reazioni infiammatorie. Queste informazioni costituiscono la base per ulteriori adattamenti e lo sviluppo di una strategia alimentare individuale. Il monitoraggio regolare dei progressi, sia attraverso l'osservazione personale che tramite valori di laboratorio e esami medici, garantisce il successo a lungo termine della modifica della dieta. È importante non considerare l'alimentazione come l'unica misura terapeutica, ma integrarla in un concetto di trattamento olistico che prenda in considerazione anche altri aspetti della salute, come la gestione dello stress, l'attività fisica e un sonno adeguato. L'adattamento della dieta è

un processo dinamico che richiede osservazione continua, riflessione e adattamento. Combinando conoscenza, auto-osservazione e supporto professionale, le persone interessate possono ottimizzare la loro alimentazione in base alle loro esigenze individuali e contribuire così a un miglioramento del loro benessere. Un approccio strutturato che include la documentazione dell'alimentazione, dei sintomi e dei valori di laboratorio consente di valutare oggettivamente il successo della modifica della dieta e, se necessario, apportare aggiustamenti. In questo contesto, la collaborazione con medici, terapeuti e consulenti nutrizionali è essenziale per garantire una terapia sicura ed efficace.

## Aree di Adattamento Dietetico

Distribuzione delle aree di interesse per l'adattamento dietetico nell'ambito della nutrizione autoimmune.

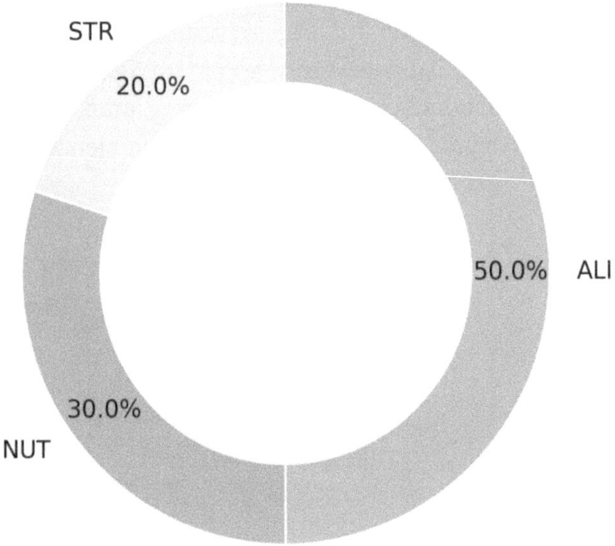


- ALI: Eliminazione Alimenti Infiammatori
- NUT: Ottimizzazione Nutrienti
- STR: Gestione Stress (Dieta)

La visualizzazione evidenzia l'importanza relativa attribuita alle diverse modifiche dietetiche per la gestione delle malattie autoimmuni. L'eliminazione degli alimenti infiammatori riceve la maggiore attenzione, indicando la sua importanza come elemento fondamentale. Sebbene l'ottimizzazione specifica dei nutrienti e la gestione dello stress attraverso la dieta siano cruciali, svolgono un ruolo di supporto alla strategia principale di riduzione dell'infiammazione. Ciò sottolinea un approccio olistico in cui le modifiche mirate dei nutrienti e le pratiche alimentari consapevoli lavorano in combinazione con la rimozione degli alimenti scatenanti per ottenere risultati ottimali.

**Consigli concreti**

- Collegate il monitoraggio del successo della vostra ottimizzazione alimentare a un ancoraggio visivo, ad esempio una foto di voi nel vostro capo d'abbigliamento preferito, che presto dovrebbe tornarvi bene.
- Create un sistema di punti personalizzato per il vostro cambiamento alimentare, in cui premiate i comportamenti positivi e così aumentate la vostra motivazione.
- Sfruttate il potere della musica: create una playlist con canzoni motivanti da ascoltare durante la preparazione dei pasti o mentre fate sport.
- Stabilite incontri regolari con un'amica o un familiare per condividere i vostri successi alimentari e supportarvi a vicenda.
- Tenete un diario della gratitudine, in cui annotate ogni giorno per cosa siete grati riguardo alla vostra alimentazione e salute.
- Sviluppate un simbolo personale per il vostro cambiamento alimentare e posizionatelo in un luogo visibile, per ricordarvi quotidianamente i vostri obiettivi.
- Integrate la meditazione o lo yoga nella vostra routine quotidiana, per ridurre lo stress e promuovere la consapevolezza nella vostra alimentazione.
- Visualizzate i vostri progressi attraverso un grafico disegnato a mano, in cui annotate ad esempio i vostri valori di laboratorio o i cambiamenti nei sintomi.
- Create un elenco di caratteristiche positive che desiderate rafforzare attraverso il vostro cambiamento alimentare, ad esempio energia, equilibrio o concentrazione.
- Celebrate i vostri successi con un rituale creato da voi, come un bagno rilassante o una passeggiata nella natura.

## Revisione - 5. Ottimizzazione nutrizionale sostenibile

L'ottimizzazione nutrizionale sostenibile nelle malattie autoimmuni è un processo individuale che va ben oltre le diete a breve termine. Si tratta di modificare le proprie abitudini alimentari in modo duraturo, affinché possano migliorare il proprio benessere e influenzare positivamente la malattia. La chiave del successo risiede nel mettere al centro le proprie esigenze personali, preferenze e stile di vita. Iniziate con piccoli passi realistici, piuttosto che apportare cambiamenti radicali che potreste non riuscire a mantenere nel lungo periodo. Se, ad esempio, desiderate ridurre il consumo di zucchero, potreste iniziare sostituendo le bevande zuccherate con alternative non zuccherate e gradualmente ridurre lo zucchero anche in altri ambiti. Integrate progressivamente più alimenti integrali e nutrienti, come verdure, frutta, legumi e noci, nella vostra dieta. Fate attenzione a garantire un adeguato apporto di macro e micronutrienti per prevenire carenze. È particolarmente importante identificare i potenziali fattori scatenanti dei sintomi della malattia e evitarli attivamente. Un diario alimentare può aiutarvi a riconoscere le connessioni tra la vostra alimentazione e il vostro stato di salute.

La guida di un consulente nutrizionale qualificato può facilitare notevolmente il processo di cambiamento. Un nutrizionista può aiutarvi a creare un piano alimentare personalizzato, adattato alle vostre specifiche esigenze e alla vostra malattia. Può anche supportarvi nell'attuazione nella vita quotidiana e fornirvi preziosi consigli su come affrontare le sfide. Ricordate che le vostre circostanze di vita e, di conseguenza, le vostre esigenze alimentari possono cambiare nel tempo. Un nuovo lavoro, cambiamenti nelle dinamiche familiari o anche fluttuazioni stagionali nell'offerta alimentare possono richiedere un adeguamento della vostra strategia alimentare. Siate flessibili e aperti ai cambiamenti e non esitate a chiedere supporto professionale se necessario.

Un'ottimizzazione nutrizionale di successo considera la vostra salute in modo olistico. Oltre all'alimentazione, anche altri fattori come un sonno adeguato, un'attività fisica regolare e una gestione efficace dello stress giocano un ruolo importante nel vostro benessere. Lo stress cronico può influenzare negativamente il sistema immunitario e intensificare le reazioni autoimmuni. Tecniche di rilassamento come yoga, meditazione o training autogeno possono aiutarvi a ridurre lo stress e ritrovare il vostro equilibrio interiore. Fate attenzione a garantire un adeguato apporto di alimenti calmanti, ricchi di fibre, acidi grassi omega-3 e antiossidanti. Gli alimenti fermentati possono influenzare positivamente la salute intestinale e contribuire così alla riduzione dello stress. Monitorate attentamente il miglioramento dei vostri sintomi e documentate i vostri progressi. Esami di laboratorio regolari possono fornirvi dati oggettivi e aiutarvi a ottimizzare ulteriormente la vostra strategia alimentare.

Cambiando il vostro modo di alimentarsi, intraprendete un processo a lungo termine che richiede pazienza e perseveranza. Ci saranno sicuramente anche dei passi indietro, ma non lasciatevi scoraggiare. Concentratevi sui vostri successi e celebrate ogni piccolo passo nella giusta direzione. Un'ottimizzazione nutrizionale sostenibile può migliorare significativamente la vostra qualità della vita e aiutarvi a gestire meglio la vostra malattia autoimmune. State investendo nella vostra salute e nel vostro benessere: un investimento che ripagherà nel lungo periodo.

**Offerte aggiuntive gratuite in programma**

Siamo lieti di potervi offrire in futuro materiali supplementari gratuiti per questo libro:

- Un capitolo bonus esclusivo con contenuti aggiuntivi
- Un riassunto compatto dell'intero libro in formato PDF
- Una versione radiodrammatica (In Programma)

La pubblicazione di questi materiali è prevista per 2025.
Vi invitiamo a visitare il nostro sito web già da oggi. Non appena il nostro servizio newsletter sarà attivo (previsto per 2025), potrete registrarvi per ricevere aggiornamenti e non perdere alcuna novità sulle offerte aggiuntive gratuite.

www.SaageBooks.com/it/
alimentazione_per_malattie_autoimmuni-bonus-IBQ8IF

**Cari lettori,**

Siamo profondamente onorati che abbiate dedicato del tempo a leggere il nostro libro dall'inizio alla fine. Il nostro più grande desiderio è fornirvi preziose intuizioni e una guida pratica. La vostra fiducia nel nostro lavoro significa molto per noi. Speriamo che la lettura sia stata arricchente per voi. Se avete domande o suggerimenti, non esitate a contattarci attraverso il nostro sito web.

Se avete apprezzato questo libro, gradiremmo molto una recensione onesta. Potete facilmente lasciare la vostra valutazione onesta sulla piattaforma di vendita dove avete acquistato il libro.
Grazie per il vostro supporto!

**Bendis Saage**

Saage Media GmbH - Squadra

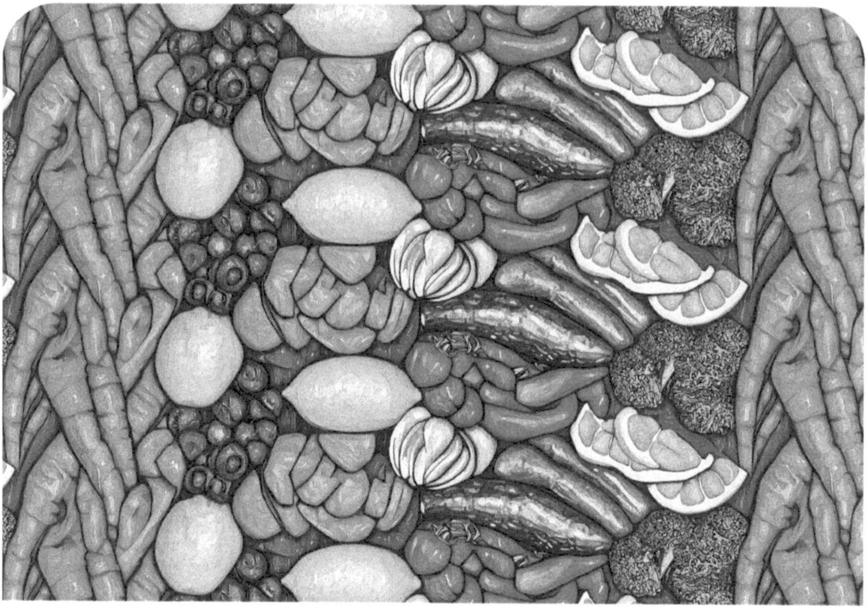

**www.SaageBooks.com/it**

Scopri di più! Il nostro sito web editoriale ti offre una vasta selezione di libri aggiuntivi. Oltre ai contenuti gratuiti e ai materiali bonus esclusivi, troverai anche informazioni approfondite sulle nostre opere. Sfoglia la nostra vasta offerta digitale e lasciati ispirare da ulteriori esperienze di lettura.

www.SaageBooks.com/it

# Fonti

**I nostri sinceri ringraziamenti vanno a tutti gli autori delle fonti scientifiche e non scientifiche citate, ai gestori dei siti web referenziati e ai creatori delle immagini, grafiche e studi utilizzati, il cui prezioso lavoro ha contribuito alla creazione di questo libro.**
Per ulteriori informazioni, ti consigliamo di visitare i siti web delle fonti.
Se riscontri errori di mappatura o altre incongruenze, ti preghiamo di contattarci.

Tutte le fonti sono state consultate l'ultima volta il: 2025-02-19


**[s1]** - https://www.ncbi.nlm.nih.gov/pmc/articles/PMC5859494/

| | | | |
|---|---|---|---|
| **Autore:** | Laura Soldati, Laura Di Renzo, Emilio Jirillo, Paolo A Ascierto, Francesco M Marincola, Antonino De Lorenzo | **Titolo:** | The influence of diet on anti-cancer immune responsiveness |
| **DOI:** | 10.1186/s12967-018-1448-0 | **Data:** | 2018 Mar 20 |
| **Sito web:** | PubMed Central (PMC) | **Editore:** | Journal of Translational Medicine |

**[s2]** - https://hivinfo.nih.gov/understanding-hiv/fact-sheets/hiv-and-nutrition-and-food-safety

| | | | |
|---|---|---|---|
| **Titolo:** | HIV and Nutrition and Food Safety \| NIH | **di:** | NIH (National Institutes of Health) |
| **Sito web:** | hivinfo.nih.gov | **Editore:** | NIH |

**[s3]** - https://www.healthline.com/nutrition/aip-diet-autoimmune-protocol-diet

| | | | |
|---|---|---|---|
| **Autore:** | Alina Petre, MS, RD (NL) | **Titolo:** | AIP (Autoimmune Protocol) Diet: A Beginner's Guide |
| **di:** | Healthline | **Data:** | 2020-08-25T06:00:00Z |
| **Sito web:** | Healthline | **Editore:** | Healthline Media |

**[s4]** - https://www.ncbi.nlm.nih.gov/books/NBK597377/

| | | | |
|---|---|---|---|
| **Autore:** | Alexander Scheiber, Victoria Mank | **Titolo:** | Anti-Inflammatory Diets |
| **di:** | StatPearls Publishing | **Data:** | 2023/10/28 |
| **Sito web:** | NCBI Bookshelf | **Editore:** | StatPearls |

**[s5]** - https://health.clevelandclinic.org/aip-diet-autoimmune-protocol-diet

| | | | |
|---|---|---|---|
| **Titolo:** | What Is the AIP (Autoimmune Protocol) Diet? | **di:** | Cleveland Clinic |
| **Sito web:** | health.clevelandclinic.org | **Editore:** | Cleveland Clinic |

**[s6]** - https://www.healthline.com/nutrition/aip-diet-autoimmune-protocol-diet

| | | | |
|---|---|---|---|
| **Autore:** | Alina Petre, MS, RD (NL) | **Titolo:** | AIP (Autoimmune Protocol) Diet: A Beginner's Guide |
| **di:** | Healthline | **Data:** | 2020-08-25T06:00:00Z |
| **Sito web:** | Healthline.com | **Editore:** | Healthline Media |

**[s7]** - https://pmc.ncbi.nlm.nih.gov/articles/PMC8201077/

| | | | |
|---|---|---|---|
| **Autore:** | Evanthia Tourkochristou, Christos Triantos, Athanasia Mouzaki | **Titolo:** | The Influence of Nutritional Factors on Immunological Outcomes |
| **di:** | University of Patras | **DOI:** | 10.3389/fimmu.2021.665968 |
| **Data:** | 2021 May 31 | **Sito web:** | PubMed Central (PMC) |
| **Editore:** | Frontiers in Immunology | | |

**[s8]** - https://pmc.ncbi.nlm.nih.gov/articles/PMC8435108/

| | | | |
|---|---|---|---|
| **Autore:** | Toan Do, Sarah Diamond, Caitlin Green, Malissa Warren | **Titolo:** | Nutritional Implications of Patients with Dysautonomia and Hypermobility Syndromes |
| **di:** | Oregon Health & Science University; Medical University of South Carolina | **DOI:** | 10.1007/s13668-021-00373-1 |
| **Data:** | 2021 Sep 12 | **Sito web:** | PubMed Central (PMC) |
| **Editore:** | Current Nutrition Reports | | |

**[s9]** - https://pmc.ncbi.nlm.nih.gov/articles/PMC5466942/

| | | | |
|---|---|---|---|
| **Autore:** | Julieanna Hever, Raymond J Cronise | **Titolo:** | Plant-based nutrition for healthcare professionals: implementing diet as a primary modality in the prevention and treatment of chronic disease |
| **di:** | To Your Health Fitness and Nutrition, Thermogenex | **DOI:** | 10.11909/j.issn.1671-5411.2017.05.012 |
| **Data:** | 2017 May | **Sito web:** | PubMed Central (PMC) |
| **Editore:** | Journal of Geriatric Cardiology : JGC | | |

**[s10]** - https://www.ncbi.nlm.nih.gov/books/NBK597377/

| | | | |
|---|---|---|---|
| **Autore:** | Alexander Scheiber, Victoria Mank | **Titolo:** | Anti-Inflammatory Diets |
| **di:** | StatPearls Publishing | **Data:** | 2023/10/28 |
| **Sito web:** | NCBI Bookshelf | **Editore:** | StatPearls Publishing |

**[s11]** - https://pmc.ncbi.nlm.nih.gov/articles/PMC8955724/

| | | | |
|---|---|---|---|
| **Autore:** | Panagiotis Stoiloudis, Evangelia Kesidou, Christos Bakirtzis, Styliani-Aggeliki Sintila, Natalia Konstantinidou, Marina Boziki, Nikolaos Grigoriadis | **Titolo:** | The Role of Diet and Interventions on Multiple Sclerosis: A Review |
| **di:** | 2nd Department of Neurology, AHEPA Hospital, Faculty of Health Sciences, Aristotle University of Thessaloniki | **DOI:** | 10.3390/nu14061150 |
| **Data:** | 2022 Mar 9 | **Sito web:** | PubMed Central (PMC) |
| **Editore:** | Nutrients | | |

**[s12]** - https://pmc.ncbi.nlm.nih.gov/articles/PMC8389628/

| | | | |
|---|---|---|---|
| **Autore:** | Kristine Stromsnes, Angela G Correas, Jenny Lehmann, Juan Gambini, Gloria Olaso-Gonzalez | **Titolo:** | Anti-Inflammatory Properties of Diet: Role in Healthy Aging |
| **di:** | National Center for Biotechnology Information (NCBI) | **DOI:** | 10.3390/biomedicines9080922 |
| **Data:** | 2021 Jul 30 | **Sito web:** | PubMed Central (PMC) |
| **Editore:** | Biomedicines | | |

**[s13]** - https://www.nia.nih.gov/health/alzheimers-and-dementia/what-do-we-know-about-diet-and-prevention-alzheimers-disease
**Titolo:** What Do We Know About Diet and Prevention of Alzheimer's Disease? **di:** National Institute on Aging (NIA)
**Sito web:** National Institute on Aging

**[s14]** - https://pmc.ncbi.nlm.nih.gov/articles/PMC7284442/
**Autore:** Chiara Gioia, Bruno Lucchino, Maria Grazia Tarsitano, Cristina Iannuccelli, Manuela Di Franco **Titolo:** Dietary Habits and Nutrition in Rheumatoid Arthritis: Can Diet Influence Disease Development and Clinical Manifestations?
**DOI:** 10.3390/nu12051456 **Data:** 2020 May 18
**Sito web:** PubMed Central (PMC) **Editore:** Nutrients

**[s15]** - https://pmc.ncbi.nlm.nih.gov/articles/PMC8620243/
**Autore:** Camilla Barbero Mazzucca, Davide Raineri, Giuseppe Cappellano, Annalisa Chiocchetti **Titolo:** How to Tackle the Relationship between Autoimmune Diseases and Diet: Well Begun Is Half-Done
**di:** Università del Piemonte Orientale **DOI:** 10.3390/nu13113956
**Data:** 2021 Nov 5 **Sito web:** PubMed Central (PMC)

**[s16]** - https://www.ncbi.nlm.nih.gov/pmc/articles/PMC8464906/
**Autore:** Carlijn A Wagenaar, Marieke van de Put, Michelle Bisschops, Wendy Walrabenstein, Catharina S de Jonge, Hilde Herrema, Dirkjan van Schaardenburg **Titolo:** The Effect of Dietary Interventions on Chronic Inflammatory Diseases in Relation to the Microbiome: A Systematic Review
**DOI:** 10.3390/nu13093208 **Data:** 2021 Sep 15
**Sito web:** PubMed Central (PMC) **Editore:** Nutrients

**[s17]** - https://pmc.ncbi.nlm.nih.gov/articles/PMC7284442/
**Autore:** Chiara Gioia, Bruno Lucchino, Maria Grazia Tarsitano, Cristina Iannuccelli, Manuela Di Franco **Titolo:** Dietary Habits and Nutrition in Rheumatoid Arthritis: Can Diet Influence Disease Development and Clinical Manifestations?
**di:** Sapienza University of Rome **DOI:** 10.3390/nu12051456
**Data:** 2020 May 18 **Sito web:** PubMed Central (PMC)
**Editore:** Nutrients

**[s18]** - https://pmc.ncbi.nlm.nih.gov/articles/PMC9101513/
**Autore:** Yana Danailova, Tsvetelina Velikova, Georgi Nikolaev, Zorka Mitova, Alexander Shinkov, Hristo Gagov, Rossitza Konakchieva **Titolo:** Nutritional Management of Thyroiditis of Hashimoto
**DOI:** 10.3390/ijms23095144 **Data:** 2022 May 5
**Sito web:** PubMed Central (PMC) **Editore:** International Journal of Molecular Sciences

**[s19]** - https://pmc.ncbi.nlm.nih.gov/articles/PMC7400883/
**Autore:** Daniela Cannas, Eleonora Loi, Matteo Serra, Davide Firinu, Paolo Valera, Patrizia Zavattari **Titolo:** Relevance of Essential Trace Elements in Nutrition and Drinking Water for Human Health and Autoimmune Disease Risk
**di:** University of Cagliari **DOI:** 10.3390/nu12072074
**Data:** 2020 Jul 13 **Sito web:** PubMed Central (PMC)
**Editore:** MDPI

**[s20]** - https://pmc.ncbi.nlm.nih.gov/articles/PMC8531728/

| | | | |
|---|---|---|---|
| **Autore:** | Tianyi Shao, Henu Kumar Verma, Babita Pande, Vincenzo Costanzo, Weibing Ye, Yuyan Cai, L V K S Bhaskar | **Titolo:** | Physical Activity and Nutritional Influence on Immune Function: An Important Strategy to Improve Immunity and Health Status |
| **DOI:** | 10.3389/fphys.2021.751374 | **Data:** | 2021 Oct 8 |
| **Sito web:** | PubMed Central (PMC) | **Editore:** | Frontiers in Physiology |

**[s21]** - https://pmc.ncbi.nlm.nih.gov/articles/PMC9772031/

| | | | |
|---|---|---|---|
| **Autore:** | Camelia Munteanu, Betty Schwartz | **Titolo:** | The relationship between nutrition and the immune system |
| **DOI:** | 10.3389/fnut.2022.1082500 | **Data:** | 2022 Dec 8 |
| **Sito web:** | PubMed Central (PMC) | **Editore:** | Frontiers in Nutrition |

**[s22]** - https://pmc.ncbi.nlm.nih.gov/articles/PMC9101513/

| | | | |
|---|---|---|---|
| **Autore:** | Yana Danailova, Tsvetelina Velikova, Georgi Nikolaev, Zorka Mitova, Alexander Shinkov, Hristo Gagov, Rossitza Konakchieva | **Titolo:** | Nutritional Management of Thyroiditis of Hashimoto |
| **di:** | Sofia University “St. Kliment Ohridski”, University Hospital Lozenetz, Bulgarian Academy of Sciences, Medical University of Sofia | **DOI:** | 10.3390/ijms23095144 |
| **Data:** | 2022 May 5 | **Sito web:** | PubMed Central (PMC) |
| **Editore:** | International Journal of Molecular Sciences | | |

**[s23]** - https://pmc.ncbi.nlm.nih.gov/articles/PMC11314468/

| | | | |
|---|---|---|---|
| **Autore:** | Anna-Mariia Shulhai, Roberta Rotondo, Maddalena Petraroli, Viviana Patianna, Barbara Predieri, Lorenzo Iughetti, Susanna Esposito, Maria Elisabeth Street | **Titolo:** | The Role of Nutrition on Thyroid Function |
| **di:** | University of Parma; University Hospital of Parma; University of Modena and Reggio Emilia | **DOI:** | 10.3390/nu16152496 |
| **Data:** | 2024 Jul 31 | **Sito web:** | PubMed Central (PMC) |
| **Editore:** | MDPI | | |

**[s24]** - https://pmc.ncbi.nlm.nih.gov/articles/PMC9962371/

| | | | |
|---|---|---|---|
| **Autore:** | Karolina Osowiecka, Joanna Myszkowska-Ryciak | **Titolo:** | The Influence of Nutritional Intervention in the Treatment of Hashimoto’s Thyroiditis—A Systematic Review |
| **DOI:** | 10.3390/nu15041041 | **Data:** | 2023 Feb 20 |
| **Sito web:** | PubMed Central (PMC) | **Editore:** | Nutrients |

**[s25]** - https://pmc.ncbi.nlm.nih.gov/articles/PMC10777438/

| | | | |
|---|---|---|---|
| **Autore:** | Siddhant P Murkey, Akash Agarwal, Pranam Pandit, Sunil Kumar, Arpita Jaiswal | **Titolo:** | Unveiling the Spectrum of Ophthalmic Manifestations in Nutritional Deficiencies: A Comprehensive Review |
| **di:** | Jawaharlal Nehru Medical College, Datta Meghe Institute of Higher Education and Research, Wardha, IND | **DOI:** | 10.7759/cureus.50311 |
| **Data:** | 2023 Dec 11 | **Sito web:** | PubMed Central (PMC) |
| **Editore:** | Cureus | | |

**[s26]** - https://pmc.ncbi.nlm.nih.gov/articles/PMC11314468/

| | | | |
|---|---|---|---|
| **Autore:** | Anna-Mariia Shulhai, Roberta Rotondo, Maddalena Petraroli, Viviana Patianna, Barbara Predieri, Lorenzo Iughetti, Susanna Esposito, Maria Elisabeth Street | **Titolo:** | The Role of Nutrition on Thyroid Function |
| **di:** | University of Parma; University Hospital of Parma; University of Modena and Reggio Emilia | **DOI:** | 10.3390/nu16152496 |
| **Data:** | 2024 Jul 31 | **Sito web:** | PubMed Central (PMC) |

**[s27]** - https://ods.od.nih.gov/factsheets/VitaminB6-HealthProfessional/

| | | | |
|---|---|---|---|
| **Titolo:** | Vitamin B6 - Health Professional Fact Sheet | **di:** | NIH Office of Dietary Supplements |
| **Data:** | Sat, 15 Feb 2025 | **Sito web:** | ods.od.nih.gov |

**[s28]** - https://pmc.ncbi.nlm.nih.gov/articles/PMC9772031/

| | | | |
|---|---|---|---|
| **Autore:** | Camelia Munteanu, Betty Schwartz | **Titolo:** | The relationship between nutrition and the immune system |
| **DOI:** | 10.3389/fnut.2022.1082500 | **Data:** | 2022 Dec 8 |
| **Sito web:** | PubMed Central (PMC) | **Editore:** | Frontiers in Nutrition |

**[s29]** - https://pmc.ncbi.nlm.nih.gov/articles/PMC9101513/

| | | | |
|---|---|---|---|
| **Autore:** | Yana Danailova, Tsvetelina Velikova, Georgi Nikolaev, Zorka Mitova, Alexander Shinkov, Hristo Gagov, Rossitza Konakchieva | **Titolo:** | Nutritional Management of Thyroiditis of Hashimoto |
| **di:** | Sofia University "St. Kliment Ohridski", University Hospital Lozenetz, Institute of Experimental Morphology, Pathology and Anthropology with Museum, Bulgarian Academy of Sciences, Medical University of Sofia | **DOI:** | 10.3390/ijms23095144 |
| **Data:** | 2022 May 5 | **Sito web:** | PubMed Central (PMC) |
| **Editore:** | MDPI | | |

**[s30]** - https://pmc.ncbi.nlm.nih.gov/articles/PMC9962371/

| | | | |
|---|---|---|---|
| **Autore:** | Karolina Osowiecka, Joanna Myszkowska-Ryciak | **Titolo:** | The Influence of Nutritional Intervention in the Treatment of Hashimoto's Thyroiditis—A Systematic Review |
| **di:** | Warsaw University of Life Sciences ( WULS) | **DOI:** | 10.3390/nu15041041 |
| **Data:** | 2023 Feb 20 | **Sito web:** | PubMed Central (PMC) |
| **Editore:** | Nutrients | | |

**[s31]** - https://pubmed.ncbi.nlm.nih.gov/35308285/

| | | | |
|---|---|---|---|
| **Autore:** | Méndez-López LF, Sosa de León D, López-Cabanillas Lomelí M, González-Martínez BE, Vázquez-Rodríguez JA | **Titolo:** | Phytochemicals From Vicia faba Beans as Ligands of the Aryl Hydrocarbon Receptor to Regulate Autoimmune Diseases |
| **DOI:** | 10.3389/fnut.2022.790440 | **Data:** | 03/04/2022 |
| **Sito web:** | PubMed | **Editore:** | Front Nutr |

**[s32]** - https://pmc.ncbi.nlm.nih.gov/articles/PMC8931403/

| | | | |
|---|---|---|---|
| **Autore:** | Luis Fernando Méndez-López, Deisy Sosa de León, Manuel López-Cabanillas Lomelí, Blanca Edelia González-Martínez, Jesús Alberto Vázquez-Rodríguez | **Titolo:** | Phytochemicals From Vicia faba Beans as Ligands of the Aryl Hydrocarbon Receptor to Regulate Autoimmune Diseases |
| **di:** | Universidad Autónoma de Nuevo León | **DOI:** | 10.3389/fnut.2022.790440 |
| **Data:** | 2022 Mar 4 | **Sito web:** | PubMed Central (PMC) |
| **Editore:** | Frontiers in Nutrition | | |

**[s33]** - https://pmc.ncbi.nlm.nih.gov/articles/PMC5909253/

| | | | |
|---|---|---|---|
| **Autore:** | Anna Winkvist, Linnea Bärebring, Inger Gjertsson, Lars Ellegård, Helen M Lindqvist | **Titolo:** | A randomized controlled cross-over trial investigating the effect of anti-inflammatory diet on disease activity and quality of life in rheumatoid arthritis: the Anti-inflammatory Diet In Rheumatoid Arthritis (ADIRA) study protocol |
| **di:** | Sahlgrenska Academy, University of Gothenburg | **DOI:** | 10.1186/s12937-018-0354-x |
| **Data:** | 2018 Apr 20 | **Sito web:** | PubMed Central (PMC) |
| **Editore:** | Nutrition Journal | | |

**[s34]** - https://pmc.ncbi.nlm.nih.gov/articles/PMC11722875/

| | | | |
|---|---|---|---|
| **Autore:** | Sylvia Goedeke, Tamzyn Murphy, Amy Rush, Caryn Zinn | **Titolo:** | Assessing the Nutrient Composition of a Carnivore Diet: A Case Study Model |
| **di:** | Auckland University of Technology | **DOI:** | 10.3390/nu17010140 |
| **Data:** | 2024 Dec 31 | **Sito web:** | PubMed Central (PMC) |
| **Editore:** | Nutrients | | |

**[s35]** - https://pmc.ncbi.nlm.nih.gov/articles/PMC10304460/

| | | | |
|---|---|---|---|
| **Autore:** | Madeleine Myers, Carrie Helen Stevenson Ruxton | **Titolo:** | Eggs: Healthy or Risky? A Review of Evidence from High Quality Studies on Hen's Eggs |
| **DOI:** | 10.3390/nu15122657 | **Data:** | 2023 Jun 7 |
| **Sito web:** | PubMed Central (PMC) | **Editore:** | Nutrients |

**[s36]** - https://pmc.ncbi.nlm.nih.gov/articles/PMC7284442/

| | | | |
|---|---|---|---|
| **Autore:** | Chiara Gioia, Bruno Lucchino, Maria Grazia Tarsitano, Cristina Iannuccelli, Manuela Di Franco | **Titolo:** | Dietary Habits and Nutrition in Rheumatoid Arthritis: Can Diet Influence Disease Development and Clinical Manifestations? |
| **di:** | Sapienza University of Rome | **DOI:** | 10.3390/nu12051456 |
| **Data:** | 2020 May 18 | **Sito web:** | PubMed Central (PMC) |
| **Editore:** | Nutrients | | |

**[s37]** - https://pmc.ncbi.nlm.nih.gov/articles/PMC5288891/

| | | | |
|---|---|---|---|
| **Autore:** | Pauline Ducrot, Caroline Méjean, Vani Aroumougame, Gladys Ibanez, Benjamin Allès, Emmanuelle Kesse-Guyot, Serge Hercberg, Sandrine Péneau | **Titolo:** | Meal planning is associated with food variety, diet quality and body weight status in a large sample of French adults |
| **di:** | Equipe de Recherche en Epidémiologie Nutritionnelle, Centre de Recherche en Epidémiologie et Statistiques, Université Paris 13, Inserm (U1153), Inra (U1125), Cnam, COMUE Sorbonne Paris Cité, Bobigny, France | **DOI:** | 10.1186/s12966-017-0461-7 |
| **Data:** | 2017 Feb 2 | **Sito web:** | PMC (PubMed Central) |

**[s38]** - https://pmc.ncbi.nlm.nih.gov/articles/PMC5962965/

| | | | |
|---|---|---|---|
| **Autore:** | Monika Potter, Antonis Vlassopoulos, Undine Lehmann | **Titolo:** | Snacking Recommendations Worldwide: A Scoping Review |
| **di:** | Nestlé Research Center | **DOI:** | 10.1093/advances/nmx003 |
| **Data:** | 2018 Apr 7 | **Sito web:** | PubMed Central (PMC) |
| **Editore:** | Advances in Nutrition | | |

**[s39]** - https://pmc.ncbi.nlm.nih.gov/articles/PMC7071230/

| | | | |
|---|---|---|---|
| **Autore:** | Stephanie Cowan, Surbhi Sood, Helen Truby, Aimee Dordevic, Melissa Adamski, Simone Gibson | **Titolo:** | Inflaming Public Interest: A Qualitative Study of Adult Learners' Perceptions on Nutrition and Inflammation |
| **di:** | Department of Nutrition, Dietetics and Food, Monash University | **DOI:** | 10.3390/nu12020345 |
| **Data:** | 2020 Jan 28 | **Sito web:** | PubMed Central (PMC) |
| **Editore:** | Nutrients | | |

**[s40]** - https://pmc.ncbi.nlm.nih.gov/articles/PMC8064481/

| | | | |
|---|---|---|---|
| **Autore:** | Marjo J E Campmans-Kuijpers, Gerard Dijkstra | **Titolo:** | Food and Food Groups in Inflammatory Bowel Disease (IBD): The Design of the Groningen Anti-Inflammatory Diet (GrAID) |
| **di:** | University Medical Center Groningen, University of Groningen | **DOI:** | 10.3390/nu13041067 |
| **Data:** | 2021 Mar 25 | **Sito web:** | PubMed Central (PMC) |
| **Editore:** | Nutrients | | |

**[s41]** - https://pmc.ncbi.nlm.nih.gov/articles/PMC4070292/

| | | | |
|---|---|---|---|
| **Autore:** | Gregory Hostetler, Ken Riedl, Horacio Cardenas, Mayra Diosa-Toro, Daniel Arango, Steven Schwartz, Andrea I Doseff | **Titolo:** | Flavone deglycosylation increases their anti-inflammatory activity and absorption |
| **di:** | The Ohio State University | **DOI:** | 10.1002/mnfr.201100596 |
| **Data:** | 2012 Feb 20 | **Sito web:** | PubMed Central (PMC) |
| **Editore:** | Molecular nutrition & food research | | |

**[s42]** - https://pmc.ncbi.nlm.nih.gov/articles/PMC6049644/

| | | | |
|---|---|---|---|
| **Autore:** | Seongeung Lee, Youngmin Choi, Heon Sang Jeong, Junsoo Lee, Jeehye Sung | **Titolo:** | Effect of different cooking methods on the content of vitamins and true retention in selected vegetables |
| **DOI:** | 10.1007/s10068-017-0281-1 | **Data:** | 2017 Dec 12 |
| **Sito web:** | PubMed Central (PMC) | | |

**[s43]** - https://pmc.ncbi.nlm.nih.gov/articles/PMC7693970/

| | | | |
|---|---|---|---|
| **Autore:** | Sandra Zavadlav, Marijana Blažić, Franco Van de Velde, Charito Vignatti, Cecilia Fenoglio, Andrea M Piagentini, María Elida Pirovani, Cristina M Perotti, Danijela Bursać Kovačević, Predrag Putnik | **Titolo:** | Sous-Vide as a Technique for Preparing Healthy and High-Quality Vegetable and Seafood Products |
| **DOI:** | 10.3390/foods9111537 | **Data:** | 2020 Oct 25 |
| **Sito web:** | PubMed Central (PMC) | | |

**[s44]** - https://www.mdpi.com/2304-8158/13/14/2217

| | | | |
|---|---|---|---|
| **Autore:** | Georgiana Ancuta Misu, Cristina Maria Canja, Mirabela Lupu, Florentina Matei | **Titolo:** | Advances and Drawbacks of Sous-Vide Technique—A Critical Review |
| **di:** | Multidisciplinary Digital Publishing Institute | **DOI:** | 10.3390/foods13142217 |
| **Data:** | 2024-07-15 | **Sito web:** | MDPI |
| **Editore:** | Multidisciplinary Digital Publishing Institute | | |

**[s45]** - https://pmc.ncbi.nlm.nih.gov/articles/PMC7601710/

| | | | |
|---|---|---|---|
| **Autore:** | Inmaculada Gómez, Rasmi Janardhanan, Francisco C Ibañez, María José Beriain | **Titolo:** | The Effects of Processing and Preservation Technologies on Meat Quality: Sensory and Nutritional Aspects |
| **DOI:** | 10.3390/foods9101416 | **Data:** | 2020 Oct 7 |
| **Sito web:** | PubMed Central (PMC) | **Editore:** | MDPI |

**[s46]** - https://pubmed.ncbi.nlm.nih.gov/34441559/

| | | | |
|---|---|---|---|
| **Autore:** | de Castro NT;de Alencar ER; Zandonadi RP;Han H;Raposo A; Ariza-Montes A;Araya-Castillo L; Botelho RBA | **Titolo:** | Influence of Cooking Method on the Nutritional Quality of Organic and Conventional Brazilian Vegetables: A Study on Sodium, Potassium, and Carotenoids |
| **DOI:** | 10.3390/foods10081782 | **Data:** | 07/31/2021 |
| **Sito web:** | PubMed | **Editore:** | Foods |

**[s47]** - https://pmc.ncbi.nlm.nih.gov/articles/PMC7693970/

| | | | |
|---|---|---|---|
| **Autore:** | Sandra Zavadlav, Marijana Blažić, Franco Van de Velde, Charito Vignatti, Cecilia Fenoglio, Andrea M Piagentini, María Elida Pirovani, Cristina M Perotti, Danijela Bursać Kovačević, Predrag Putnik | **Titolo:** | Sous-Vide as a Technique for Preparing Healthy and High-Quality Vegetable and Seafood Products |
| **di:** | Karlovac University of Applied Sciences; Universidad Nacional del Litoral; Consejo Nacional de Investigaciones Científicas y Té cnicas; University of Zagreb; Greenbird Medical Inc.; University North | **DOI:** | 10.3390/foods9111537 |
| **Data:** | 2020 Oct 25 | **Sito web:** | PMC |
| **Editore:** | MDPI | | |

**[s48]** - https://pubmed.ncbi.nlm.nih.gov/36299246/

| | | | |
|---|---|---|---|
| **Autore:** | Coe S; Spiro A | **Titolo:** | Cooking at home to retain nutritional quality and minimise nutrient losses: A focus on vegetables, potatoes and pulses |
| **DOI:** | 10.1111/nbu.12584 | **Data:** | 2022 Dec |
| **Sito web:** | PubMed | **Editore:** | Nutr Bull |

**[s49]** - https://pmc.ncbi.nlm.nih.gov/articles/PMC5466942/

| | | | |
|---|---|---|---|
| **Autore:** | Julieanna Hever, Raymond J Cronise | **Titolo:** | Plant-based nutrition for healthcare professionals: implementing diet as a primary modality in the prevention and treatment of chronic disease |
| **di:** | To Your Health Fitness and Nutrition, Thermogenex | **DOI:** | 10.11909/j.issn.1671-5411.2017.05.012 |
| **Data:** | 2017 May | **Sito web:** | PubMed Central (PMC) |
| **Editore:** | Journal of Geriatric Cardiology : JGC | | |

**[s50]** - https://pmc.ncbi.nlm.nih.gov/articles/PMC9080102/

| | | | |
|---|---|---|---|
| **Autore:** | Gabriel P Esteves, Bruna Caruso Mazzolani, Fabiana Infante Smaira, Elizabeth Silva Mendes, Gabriela Guimarães de Oliveira, Hamilton Roschel, Bruno Gualano, Rosa Maria R Pereira, Eimear Dolan | **Titolo:** | Nutritional recommendations for patients undergoing prolonged glucocorticoid therapy |
| **di:** | Faculdade de Medicina FMUSP, Universidade de Sao Paulo | **DOI:** | 10.1093/rap/rkac029 |
| **Data:** | 2022 Apr 21 | **Sito web:** | PubMed Central (PMC) |
| **Editore:** | Oxford University Press | | |

**[s51]** - https://pmc.ncbi.nlm.nih.gov/articles/PMC7284442/

| | | | |
|---|---|---|---|
| **Autore:** | Chiara Gioia, Bruno Lucchino, Maria Grazia Tarsitano, Cristina Iannuccelli, Manuela Di Franco | **Titolo:** | Dietary Habits and Nutrition in Rheumatoid Arthritis: Can Diet Influence Disease Development and Clinical Manifestations? |
| **di:** | Sapienza University of Rome | **DOI:** | 10.3390/nu12051456 |
| **Data:** | 2020 May 18 | **Sito web:** | PubMed Central (PMC) |
| **Editore:** | MDPI | | |

**[s52]** - https://pmc.ncbi.nlm.nih.gov/articles/PMC5466942/

| | | | |
|---|---|---|---|
| **Autore:** | Julieanna Hever, Raymond J Cronise | **Titolo:** | Plant-based nutrition for healthcare professionals: implementing diet as a primary modality in the prevention and treatment of chronic disease |
| **di:** | National Center for Biotechnology Information (NCBI) | **DOI:** | 10.11909/j.issn.1671-5411.2017.05.012 |
| **Data:** | 2017 May | **Sito web:** | PubMed Central (PMC) |
| **Editore:** | Journal of Geriatric Cardiology : JGC | | |

**[s53]** - https://pmc.ncbi.nlm.nih.gov/articles/PMC8804093/

| | | | |
|---|---|---|---|
| **Autore:** | Sapna Langyan, Pranjal Yadava, Fatima Nazish Khan, Zahoor A Dar, Renu Singh, Ashok Kumar | **Titolo:** | Sustaining Protein Nutrition Through Plant-Based Foods |
| **DOI:** | 10.3389/fnut.2021.772573 | **Data:** | 2022 Jan 18 |
| **Sito web:** | PubMed Central (PMC) | **Editore:** | Frontiers in Nutrition |

**[s54]** - https://pmc.ncbi.nlm.nih.gov/articles/PMC10746081/

| | | | |
|---|---|---|---|
| **Autore:** | Tatiana Palotta Minari, Lúcia Helena Bonalume Tácito, Louise Buonalumi Tácito Yugar, Sílvia Elaine Ferreira-Melo, Carolina Freitas Manzano, Antônio Carlos Pires, Heitor Moreno, José Fernando Vilela-Martin, Luciana Neves Cosenso-Martin, Juan Carlos Yugar-Toledo | **Titolo:** | Nutritional Strategies for the Management of Type 2 Diabetes Mellitus: A Narrative Review |
| **di:** | National Center for Biotechnology Information (NCBI) | **DOI:** | 10.3390/nu15245096 |
| **Data:** | 2023 Dec 13 | **Sito web:** | PMC (PubMed Central) |
| **Editore:** | MDPI | | |

**[s55]** - https://pmc.ncbi.nlm.nih.gov/articles/PMC5466942/

| | | | |
|---|---|---|---|
| **Autore:** | Julieanna Hever, Raymond J Cronise | **Titolo:** | Plant-based nutrition for healthcare professionals: implementing diet as a primary modality in the prevention and treatment of chronic disease |
| **di:** | To Your Health Fitness and Nutrition, Beverly Hills, CA, USA, Thermogenex, Huntsville, AL, USA | **DOI:** | 10.11909/j.issn.1671-5411.2017.05.012 |
| **Data:** | 2017 May | **Sito web:** | PubMed Central (PMC) |
| **Editore:** | Journal of Geriatric Cardiology : JGC | | |

**[s56]** - https://pmc.ncbi.nlm.nih.gov/articles/PMC8620243/

| | | | |
|---|---|---|---|
| **Autore:** | Camilla Barbero Mazzucca, Davide Raineri, Giuseppe Cappellano, Annalisa Chiocchetti | **Titolo:** | How to Tackle the Relationship between Autoimmune Diseases and Diet: Well Begun Is Half-Done |
| **di:** | Università del Piemonte Orientale | **DOI:** | 10.3390/nu13113956 |
| **Data:** | 2021 Nov 5 | **Sito web:** | PubMed Central (PMC) |

**[s57]** - https://pmc.ncbi.nlm.nih.gov/articles/PMC8747310/

| | | | |
|---|---|---|---|
| **Autore:** | Jagoda Garbicz, Beata Całyniuk, Michał Górski, Marta Buczkowska, Małgorzata Piecuch, Aleksandra Kulik, Piotr Rozentryt | **Titolo:** | Nutritional Therapy in Persons Suffering from Psoriasis |
| **di:** | Medical University of Silesia in Katowice | **DOI:** | 10.3390/nu14010119 |
| **Data:** | 2021 Dec 28 | **Sito web:** | PubMed Central (PMC) |
| **Editore:** | Nutrients | | |

**[s58]** - https://pmc.ncbi.nlm.nih.gov/articles/PMC8955724/

| | | | |
|---|---|---|---|
| **Autore:** | Panagiotis Stoiloudis, Evangelia Kesidou, Christos Bakirtzis, Styliani-Aggeliki Sintila, Natalia Konstantinidou, Marina Boziki, Nikolaos Grigoriadis | **Titolo:** | The Role of Diet and Interventions on Multiple Sclerosis: A Review |
| **di:** | 2nd Department of Neurology, AHEPA Hospital, Faculty of Health Sciences, Aristotle University of Thessaloniki, Thessaloniki, Greece | **DOI:** | 10.3390/nu14061150 |
| **Data:** | 2022 Mar 9 | **Sito web:** | PubMed Central (PMC) |
| **Editore:** | Nutrients | | |

**[s59]** - https://pmc.ncbi.nlm.nih.gov/articles/PMC7284442/

| | | | |
|---|---|---|---|
| **Autore:** | Chiara Gioia, Bruno Lucchino, Maria Grazia Tarsitano, Cristina Iannuccelli, Manuela Di Franco | **Titolo:** | Dietary Habits and Nutrition in Rheumatoid Arthritis: Can Diet Influence Disease Development and Clinical Manifestations? |
| **di:** | Sapienza University of Rome | **DOI:** | 10.3390/nu12051456 |
| **Data:** | 2020 May 18 | **Sito web:** | PubMed Central (PMC) |

**[s60]** - https://pmc.ncbi.nlm.nih.gov/articles/PMC4034518/

| | | | |
|---|---|---|---|
| **Autore:** | Arndt Manzel, Dominik N Muller, David A Hafler, Susan E Erdman, Ralf A Linker, Markus Kleinewietfeld | **Titolo:** | Role of "Western Diet" in Inflammatory Autoimmune Diseases |
| **DOI:** | 10.1007/s11882-013-0404-6 | **Data:** | 2014 Jan |
| **Sito web:** | PubMed Central (PMC) | **Editore:** | Current allergy and asthma reports |

**[s61]** - https://pmc.ncbi.nlm.nih.gov/articles/PMC5097114/

| | | | |
|---|---|---|---|
| **Autore:** | Stefanie Jörg, Diana A Grohme, Melanie Erzler, Marilene Binsfeld, Aiden Haghikia, Dominik N Müller, Ralf A Linker, Markus Kleinewietfeld | **Titolo:** | Environmental factors in autoimmune diseases and their role in multiple sclerosis |
| **DOI:** | 10.1007/s00018-016-2311-1 | **Data:** | 2016 Aug 4 |
| **Sito web:** | PubMed Central (PMC) | **Editore:** | Cellular and Molecular Life Sciences: CMLS |

**[s62]** - https://pmc.ncbi.nlm.nih.gov/articles/PMC10710847/

| | | | |
|---|---|---|---|
| **Autore:** | Kartikey V Shekhar, Mrunmayee M Pathak, Gajanan Pisulkar | **Titolo:** | Diet and Lifestyle Impact on Rheumatoid Arthritis: A Comprehensive Review |
| **di:** | Jawaharlal Nehru Medical College, Datta Meghe Institute of Higher Education and Research | **DOI:** | 10.7759/cureus.48625 |
| **Data:** | 2023 Nov 10 | **Sito web:** | PubMed Central (PMC) |
| **Editore:** | Cureus | | |

**[s63]** - https://pmc.ncbi.nlm.nih.gov/articles/PMC9101513/

| | | | |
|---|---|---|---|
| **Autore:** | Yana Danailova, Tsvetelina Velikova, Georgi Nikolaev, Zorka Mitova, Alexander Shinkov, Hristo Gagov, Rossitza Konakchieva | **Titolo:** | Nutritional Management of Thyroiditis of Hashimoto |
| **DOI:** | 10.3390/ijms23095144 | **Data:** | 2022 May 5 |
| **Sito web:** | PubMed Central (PMC) | | |

**[s64]** - https://pmc.ncbi.nlm.nih.gov/articles/PMC10056161/

| | | | |
|---|---|---|---|
| **Autore:** | Mihaela Simona Popoviciu, Nirja Kaka, Yashendra Sethi, Neil Patel, Hitesh Chopra, Simona Cavalu | **Titolo:** | Type 1 Diabetes Mellitus and Autoimmune Diseases: A Critical Review of the Association and the Application of Personalized Medicine |
| **di:** | University of Oradea, PearResearch, GMERS Medical College, Government Doon Medical College, HNB Uttarakhand Medical Education University, Chitkara College of Pharmacy | **DOI:** | 10.3390/jpm13030422 |
| **Data:** | 2023 Feb 26 | **Sito web:** | PubMed Central (PMC) |
| **Editore:** | MDPI | | |

**[s65]** - https://pmc.ncbi.nlm.nih.gov/articles/PMC11597059/

| | | | |
|---|---|---|---|
| **Autore:** | Aleksandra Anna Kajdas, Agnieszka Żebrowska, Anna Zalewska-Janowska, Aneta Czerwonogrodzka-Senczyna | **Titolo:** | The Role of Nutrition in the Pathogenesis and Treatment of Autoimmune Bullous Diseases—A Narrative Review |
| **di:** | PubMed Central (PMC) | **DOI:** | 10.3390/nu16223961 |
| **Data:** | 2024 Nov 20 | **Sito web:** | PMC |
| **Editore:** | Nutrients | | |

**[s66]** - https://pmc.ncbi.nlm.nih.gov/articles/PMC9772031/

| | | | |
|---|---|---|---|
| **Autore:** | Camelia Munteanu, Betty Schwartz | **Titolo:** | The relationship between nutrition and the immune system |
| **di:** | University of Agricultural Sciences and Veterinary Medicine Cluj-Napoca, The Hebrew University of Jerusalem | **DOI:** | 10.3389/fnut.2022.1082500 |
| **Data:** | 2022 Dec 8 | **Sito web:** | PubMed Central (PMC) |
| **Editore:** | Frontiers in Nutrition | | |

**[s67]** - https://pmc.ncbi.nlm.nih.gov/articles/PMC9710406/

| | | | |
|---|---|---|---|
| **Autore:** | NURIYE GOKCE, NESLIHAN BASGOZ, SERCAN KENANOGLU, HILAL AKALIN, YUSUF OZKUL, MAHMUT CERKEZ ERGOREN, TOMMASO BECCARI, MATTEO BERTELLI, MUNIS DUNDAR | **Titolo:** | An overview of the genetic aspects of hair loss and its connection with nutrition |
| **DOI:** | 10.15167/2421-4248/jpmh2022.63.2S3.2765 | **Data:** | 2022 Oct 17 |
| **Sito web:** | PubMed Central (PMC) | **Editore:** | Journal of Preventive Medicine and Hygiene |

**[s68]** - https://pmc.ncbi.nlm.nih.gov/articles/PMC11205075/

| | | | |
|---|---|---|---|
| **Autore:** | Luca Pecoraro, Carla Mastrorilli, Stefania Arasi, Simona Barni, Davide Caimmi, Fernanda Chiera, Giulio Dinardo, Serena Gracci, Michele Miraglia Del Giudice, Roberto Bernardini, Arianna Giannetti | **Titolo:** | Nutritional and Psychosocial Impact of Food Allergy in Pediatric Age |
| **DOI:** | 10.3390/life14060695 | **Data:** | 2024 May 28 |
| **Sito web:** | PubMed Central (PMC) | **Editore:** | Life |

**[s69]** - https://pmc.ncbi.nlm.nih.gov/articles/PMC8152468/

| | | | |
|---|---|---|---|
| **Autore:** | Domenico Gargano, Ramapraba Appanna, Antonella Santonicola, Fabio De Bartolomeis, Cristiana Stellato, Antonella Cianferoni, Vincenzo Casolaro, Paola Iovino | **Titolo:** | Food Allergy and Intolerance: A Narrative Review on Nutritional Concerns |
| **di:** | Allergy and Clinical Immunology Unit, San Giuseppe Moscati Hospital; Department of Medicine, Surgery and Dentistry "Scuola Medica Salernitana", University of Salerno; Division of Allergy and Immunology, The Children's Hospital of Philadelphia, Perelman School of Medicine at University of Pennsylvania | **DOI:** | 10.3390/nu13051638 |
| **Data:** | 2021 May 13 | **Sito web:** | PubMed Central (PMC) |
| **Editore:** | Nutrients | | |

**[s70]** - https://pmc.ncbi.nlm.nih.gov/articles/PMC10084985/

| | | | |
|---|---|---|---|
| **Autore:** | Linda Liang, Clarissa Saunders, Nerses Sanossian | **Titolo:** | Food, gut barrier dysfunction, and related diseases: A new target for future individualized disease prevention and management |
| **di:** | University of Southern California, Los Angeles, California, USA; Department of Neurology, Medical School of Southern California, Los Angeles, California, USA | **DOI:** | 10.1002/fsn3.3229 |
| **Data:** | 2023 Mar 7 | **Sito web:** | PubMed Central (PMC) |
| **Editore:** | Food Science & Nutrition | | |

**[s71]** - https://pmc.ncbi.nlm.nih.gov/articles/PMC5466942/

| | | | |
|---|---|---|---|
| **Autore:** | Julieanna Hever, Raymond J Cronise | **Titolo:** | Plant-based nutrition for healthcare professionals: implementing diet as a primary modality in the prevention and treatment of chronic disease |
| **di:** | To Your Health Fitness and Nutrition, Thermogenex | **DOI:** | 10.11909/j.issn.1671-5411.2017.05.012 |
| **Data:** | 2017 May | **Sito web:** | PubMed Central (PMC) |
| **Editore:** | Journal of Geriatric Cardiology : JGC | | |

**[s72]** - https://pmc.ncbi.nlm.nih.gov/articles/PMC6899614/

| | | | |
|---|---|---|---|
| **Autore:** | D Partridge, K A Lloyd, J M Rhodes, A W Walker, A M Johnstone, B J Campbell | **Titolo:** | Food additives: Assessing the impact of exposure to permitted emulsifiers on bowel and metabolic health – introducing the FADiets study |
| **di:** | The Rowett Institute, University of Aberdeen; Institute of Translational Medicine, University of Liverpool | **DOI:** | 10.1111/nbu.12408 |
| **Data:** | 2019 Nov 25 | **Sito web:** | PubMed Central (PMC) |
| **Editore:** | Nutrition Bulletin | | |

**[s73]** - https://pmc.ncbi.nlm.nih.gov/articles/PMC8600158/

| | | | |
|---|---|---|---|
| **Autore:** | Victoria Peteliuk, Lesia Rybchuk, Maria Bayliak, Kenneth B Storey, Oleh Lushchak | **Titolo:** | Natural sweetener Stevia rebaudiana: Functionalities, health benefits and potential risks |
| **di:** | Vasyl Stefanyk Precarpathian National University; Carleton University | **DOI:** | 10.17179/excli2021-4211 |
| **Data:** | 2021 Sep 22 | **Sito web:** | PubMed Central (PMC) |
| **Editore:** | EXCLI Journal | | |

**[s74]** - https://pmc.ncbi.nlm.nih.gov/articles/PMC6363527/

| | | | |
|---|---|---|---|
| **Autore:** | Francisco Javier Ruiz-Ojeda, Julio Plaza-Díaz, Maria Jose Sáez-Lara, Angel Gil | **Titolo:** | Effects of Sweeteners on the Gut Microbiota: A Review of Experimental Studies and Clinical Trials |
| **di:** | University of Granada, Instituto de Investigación Biosanitaria IBS. GRANADA, CIBEROBN | **DOI:** | 10.1093/advances/nmy037 |
| **Data:** | 2019 Feb 5 | **Sito web:** | PubMed Central (PMC) |
| **Editore:** | Oxford University Press | | |

**[s75]** - https://pmc.ncbi.nlm.nih.gov/articles/PMC7120678/

| | | | |
|---|---|---|---|
| **Autore:** | Christian de Virgilio | **Titolo:** | Question Sets and Answers |
| **DOI:** | 10.1007/978-1-4939-1726-6_59 | **Data:** | 2014 Jul 19 |
| **Sito web:** | PubMed Central (PMC) | | |

**[s76]** - https://pmc.ncbi.nlm.nih.gov/articles/PMC5384531/

| | | | |
|---|---|---|---|
| **Autore:** | Guillaume Pouessel, Claire Claverie, Julien Labreuche, Jean-Marie Renaudin, Aimée Dorkenoo, Mireille Eb, Anne Moneret-Vautrin, Antoine Deschildre, Stephane Leteurtre, Linus Grabenhenrich, Margitta Worm, Sabine Dölle, Kathrin Scherer, Isidor Hutteger, Morten Christensen, Carsten Bindslev-Jensen, Charlotte Mortz, Esben Eller, Henrik Fomsgaard Kjaer, Leonor Carneiro-Leão, Jenny Badas, Alice Coimbra, Dikla Pivko Levy, Moshe Ben-Shoshan, Ayelet Rimon, Shira Benor, Nicolette J T Arends, Nikki Edelbroek, Hans de Groot, Joyce A M Emons, H Kim A Brand, Dirk Verhoeven, Leonieke N van Veen, Nicolette W de Jong, Geunwoong Noh, Eun Ha Jang, Mariona Pascal, Olga Dominguez, Mò nica Piquer, Montserrat Alvaro, Rosa Jimenez-Feijoo, Jaime Lozano, Adriana Machinena | **Titolo:** | Abstracts from the Food Allergy and Anaphylaxis Meeting 2016 |
| **Sito web:** | PMC | | |

**[s77]** - https://pmc.ncbi.nlm.nih.gov/articles/PMC5647120/

| | | | |
|---|---|---|---|
| **Autore:** | Gauree G Konijeti, NaMee Kim, James D Lewis, Shauna Groven, Anita Chandrasekaran, Sirisha Grandhe, Caroline Diamant, Emily Singh, Glenn Oliveira, Xiaoyun Wang, Bhuvan Molparia, Ali Torkamani | **Titolo:** | Efficacy of the Autoimmune Protocol Diet for Inflammatory Bowel Disease |
| **DOI:** | 10.1097/MIB.0000000000001221 | **Data:** | 2017 Aug 29 |
| **Sito web:** | PubMed Central (PMC) | **Editore:** | Inflammatory Bowel Diseases |

**[s78]** - https://pmc.ncbi.nlm.nih.gov/articles/PMC9817715/

| | | | |
|---|---|---|---|
| **Autore:** | Aditi Saha, Isabella Dreyfuss, Humaira Sarfraz, Mark Friedman, Joseph Markowitz | **Titolo:** | Dietary Considerations for Inflammatory Bowel Disease Are Useful for Treatment of Checkpoint Inhibitor-Induced Colitis |
| **di:** | H. Lee Moffitt Cancer Center and Research Institute | **DOI:** | 10.3390/cancers15010084 |
| **Data:** | 2022 Dec 23 | **Sito web:** | PubMed Central (PMC) |
| **Editore:** | MDPI | | |

**[s79]** - https://pmc.ncbi.nlm.nih.gov/articles/PMC5647120/

| | | | |
|---|---|---|---|
| **Autore:** | Gauree G Konijeti, NaMee Kim, James D Lewis, Shauna Groven, Anita Chandrasekaran, Sirisha Grandhe, Caroline Diamant, Emily Singh, Glenn Oliveira, Xiaoyun Wang, Bhuvan Molparia, Ali Torkamani | **Titolo:** | Efficacy of the Autoimmune Protocol Diet for Inflammatory Bowel Disease |
| **DOI:** | 10.1097/MIB.0000000000001221 | **Data:** | 2017 Aug 29 |
| **Sito web:** | PubMed Central (PMC) | **Editore:** | Inflammatory Bowel Diseases |

**[s80]** - https://pmc.ncbi.nlm.nih.gov/articles/PMC8955724/

| | | | |
|---|---|---|---|
| **Autore:** | Panagiotis Stoiloudis, Evangelia Kesidou, Christos Bakirtzis, Styliani-Aggeliki Sintila, Natalia Konstantinidou, Marina Boziki, Nikolaos Grigoriadis | **Titolo:** | The Role of Diet and Interventions on Multiple Sclerosis: A Review |
| **di:** | 2nd Department of Neurology, AHEPA Hospital, Faculty of Health Sciences, Aristotle University of Thessaloniki, 54636 Thessaloniki, Greece | **DOI:** | 10.3390/nu14061150 |
| **Data:** | 2022 Mar 9 | **Sito web:** | PubMed Central (PMC) |
| **Editore:** | Nutrients | | |

**[s81]** - https://pmc.ncbi.nlm.nih.gov/articles/PMC8620243/

| | | | |
|---|---|---|---|
| **Autore:** | Camilla Barbero Mazzucca, Davide Raineri, Giuseppe Cappellano, Annalisa Chiocchetti | **Titolo:** | How to Tackle the Relationship between Autoimmune Diseases and Diet: Well Begun Is Half-Done |
| **di:** | Università del Piemonte Orientale | **DOI:** | 10.3390/nu13113956 |
| **Data:** | 2021 Nov 5 | **Sito web:** | PubMed Central (PMC) |

**[s82]** - https://pmc.ncbi.nlm.nih.gov/articles/PMC6592837/

| | | | |
|---|---|---|---|
| **Autore:** | Robert D Abbott, Adam Sadowski, Angela G Alt | **Titolo:** | Efficacy of the Autoimmune Protocol Diet as Part of a Multi-disciplinary, Supported Lifestyle Intervention for Hashimoto's Thyroiditis |
| **DOI:** | 10.7759/cureus.4556 | **Data:** | 2019 Apr 27 |
| **Sito web:** | PubMed Central (PMC) | **Editore:** | Cureus |

**[s83]** - https://www.ncbi.nlm.nih.gov/pmc/articles/PMC8464906/

| | | | |
|---|---|---|---|
| **Autore:** | Carlijn A Wagenaar, Marieke van de Put, Michelle Bisschops, Wendy Walrabenstein, Catharina S de Jonge, Hilde Herrema, Dirkjan van Schaardenburg | **Titolo:** | The Effect of Dietary Interventions on Chronic Inflammatory Diseases in Relation to the Microbiome: A Systematic Review |
| **DOI:** | 10.3390/nu13093208 | **Data:** | 2021 Sep 15 |
| **Sito web:** | PubMed Central (PMC) | **Editore:** | Nutrients |

**[s84]** - https://pmc.ncbi.nlm.nih.gov/articles/PMC8620243/

| | | | |
|---|---|---|---|
| **Autore:** | Camilla Barbero Mazzucca, Davide Raineri, Giuseppe Cappellano, Annalisa Chiocchetti | **Titolo:** | How to Tackle the Relationship between Autoimmune Diseases and Diet: Well Begun Is Half-Done |
| **di:** | Università del Piemonte Orientale | **DOI:** | 10.3390/nu13113956 |
| **Data:** | 2021 Nov 5 | **Sito web:** | PubMed Central (PMC) |
| **Editore:** | MDPI | | |

**[s85]** - https://pmc.ncbi.nlm.nih.gov/articles/PMC7284442/

| | | | |
|---|---|---|---|
| **Autore:** | Chiara Gioia, Bruno Lucchino, Maria Grazia Tarsitano, Cristina Iannuccelli, Manuela Di Franco | **Titolo:** | Dietary Habits and Nutrition in Rheumatoid Arthritis: Can Diet Influence Disease Development and Clinical Manifestations? |
| **di:** | Sapienza University of Rome | **DOI:** | 10.3390/nu12051456 |
| **Data:** | 2020 May 18 | **Sito web:** | PubMed Central (PMC) |
| **Editore:** | Nutrients | | |

**[s86]** - https://pmc.ncbi.nlm.nih.gov/articles/PMC10496934/

| | | | |
|---|---|---|---|
| **Autore:** | Shubhangi Singh, Swarupa Chakole, Suyash Agrawal, Nidhi Shetty, Roshan Prasad, Tejaswee Lohakare, Mayur Wanjari, Seema Yelne | **Titolo:** | A Comprehensive Review of Upper Gastrointestinal Symptom Management in Autoimmune Gastritis: Current Insights and Future Directions |
| **di:** | Jawaharlal Nehru Medical College, Datta Meghe Institute of Higher Education and Research, Wardha, IND | **DOI:** | 10.7759/cureus.43418 |
| **Data:** | 2023 Aug 13 | **Sito web:** | PubMed Central (PMC) |
| **Editore:** | Cureus | | |

**[s87]** - https://pmc.ncbi.nlm.nih.gov/articles/PMC8531728/

| | | | |
|---|---|---|---|
| **Autore:** | Tianyi Shao, Henu Kumar Verma, Babita Pande, Vincenzo Costanzo, Weibing Ye, Yuyan Cai, L V K S Bhaskar | **Titolo:** | Physical Activity and Nutritional Influence on Immune Function: An Important Strategy to Improve Immunity and Health Status |
| **DOI:** | 10.3389/fphys.2021.751374 | **Data:** | 2021 Oct 8 |
| **Sito web:** | PubMed Central (PMC) | **Editore:** | Frontiers in Physiology |

**[s88]** - https://pmc.ncbi.nlm.nih.gov/articles/PMC9772031/

| | | | |
|---|---|---|---|
| **Autore:** | Camelia Munteanu, Betty Schwartz | **Titolo:** | The relationship between nutrition and the immune system |
| **DOI:** | 10.3389/fnut.2022.1082500 | **Data:** | 2022 Dec 8 |
| **Sito web:** | PubMed Central (PMC) | **Editore:** | Frontiers in Nutrition |

**[s89]** - https://pmc.ncbi.nlm.nih.gov/articles/PMC8620243/

| | | | |
|---|---|---|---|
| **Autore:** | Camilla Barbero Mazzucca, Davide Raineri, Giuseppe Cappellano, Annalisa Chiocchetti | **Titolo:** | How to Tackle the Relationship between Autoimmune Diseases and Diet: Well Begun Is Half-Done |
| **di:** | Università del Piemonte Orientale | **DOI:** | 10.3390/nu13113956 |
| **Data:** | 2021 Nov 5 | **Sito web:** | PubMed Central (PMC) |
| **Editore:** | MDPI | | |

**[s90]** - https://pmc.ncbi.nlm.nih.gov/articles/PMC10496934/

| | | | |
|---|---|---|---|
| **Autore:** | Shubhangi Singh, Swarupa Chakole, Suyash Agrawal, Nidhi Shetty, Roshan Prasad, Tejaswee Lohakare, Mayur Wanjari, Seema Yelne | **Titolo:** | A Comprehensive Review of Upper Gastrointestinal Symptom Management in Autoimmune Gastritis: Current Insights and Future Directions |
| **di:** | Jawaharlal Nehru Medical College, Datta Meghe Institute of Higher Education and Research; Smt. Radhikabai Meghe Memorial College of Nursing, Datta Meghe Institute of Higher Education and Research; Shalinitai Meghe College of Nursing, Datta Meghe Institute of Higher Education and Research | **DOI:** | 10.7759/cureus.43418 |
| **Data:** | 2023 Aug 13 | **Sito web:** | PubMed Central (PMC) |
| **Editore:** | Cureus | | |

**[s91]** - https://pmc.ncbi.nlm.nih.gov/articles/PMC9921002/

| | | | |
|---|---|---|---|
| **Autore:** | Sareen S Gropper | **Titolo:** | The Role of Nutrition in Chronic Disease |
| **di:** | Christine E. Lynn College of Nursing, Florida Atlantic University | **DOI:** | 10.3390/nu15030664 |
| **Data:** | 2023 Jan 28 | **Sito web:** | PubMed Central (PMC) |
| **Editore:** | Nutrients | | |

**[s92]** - https://pmc.ncbi.nlm.nih.gov/articles/PMC8955724/

| | | | |
|---|---|---|---|
| **Autore:** | Panagiotis Stoiloudis, Evangelia Kesidou, Christos Bakirtzis, Styliani-Aggeliki Sintila, Natalia Konstantinidou, Marina Boziki, Nikolaos Grigoriadis | **Titolo:** | The Role of Diet and Interventions on Multiple Sclerosis: A Review |
| **di:** | 2nd Department of Neurology, AHEPA Hospital, Faculty of Health Sciences, Aristotle University of Thessaloniki | **DOI:** | 10.3390/nu14061150 |
| **Data:** | 2022 Mar 9 | **Sito web:** | PubMed Central (PMC) |
| **Editore:** | MDPI | | |

**[s93]** - https://pmc.ncbi.nlm.nih.gov/articles/PMC9721046/

| | | | |
|---|---|---|---|
| **Autore:** | Ewa Czubek, Klaudia Alcer, Mirjana Varjacic, Piotr Romaniuk | **Titolo:** | The importance and effectiveness of nutritional counselling in patients with autoimmune thyroid diseases in Poland |
| **di:** | Medical University of Silesia, University of Kragujevac, National Library of Medicine (NLM), National Institutes of Health (NIH), Department of Health and Human Services (HHS) | **DOI:** | 10.1186/s12962-022-00397-6 |
| **Data:** | 2022 Dec 5 | **Sito web:** | PubMed Central (PMC) |
| **Editore:** | Cost Effectiveness and Resource Allocation : C/E | | |

**[s94]** - https://pmc.ncbi.nlm.nih.gov/articles/PMC8620243/
**Autore:** Camilla Barbero Mazzucca, Davide Raineri, Giuseppe Cappellano, Annalisa Chiocchetti
**Titolo:** How to Tackle the Relationship between Autoimmune Diseases and Diet: Well Begun Is Half-Done
**di:** Università del Piemonte Orientale
**DOI:** 10.3390/nu13113956
**Data:** 2021 Nov 5
**Sito web:** PubMed Central (PMC)
**Editore:** Nutrients

**[s95]** - https://pmc.ncbi.nlm.nih.gov/articles/PMC2647073/
**Autore:** Denise Holtzman, Jeanmarie Burke
**Titolo:** Nutritional counseling in the chiropractic practice: a survey of New York practitioners
**di:** New York Chiropractic College
**DOI:** 10.1016/j.jcme.2007.02.008
**Data:** 2007
**Sito web:** PubMed Central (PMC)
**Editore:** Journal of Chiropractic Medicine

**[s96]** - https://www.myrescuemd.com/nutritionist-salt-lake-city-ut/
**Titolo:** Registered Dietitian Nutritionist Salt Lake City,UT
**di:** RescueMD
**Data:** 2024-11-21
**Sito web:** myrescuemd.com
**Editore:** RescueMD

**[s97]** - https://www.mdpi.com/2072-6643/16/22/3961
**Autore:** Aleksandra Anna Kajdas, Agnieszka Żebrowska, Anna Zalewska-Janowska, Aneta Czerwonogrodzka-Senczyna
**Titolo:** The Role of Nutrition in the Pathogenesis and Treatment of Autoimmune Bullous Diseases—A Narrative Review
**di:** Multidisciplinary Digital Publishing Institute
**DOI:** 10.3390/nu16223961
**Data:** 2024-11-20
**Sito web:** mdpi.com
**Editore:** Multidisciplinary Digital Publishing Institute

**[s98]** - https://ods.od.nih.gov/factsheets/Selenium-HealthProfessional/
**Titolo:** Selenium - Health Professional Fact Sheet
**di:** Office of Dietary Supplements, National Institutes of Health (NIH)
**Data:** Fri, 14 Feb 2025
**Sito web:** ods.od.nih.gov

**[s99]** - https://pmc.ncbi.nlm.nih.gov/articles/PMC9101513/
**Autore:** Yana Danailova, Tsvetelina Velikova, Georgi Nikolaev, Zorka Mitova, Alexander Shinkov, Hristo Gagov, Rossitza Konakchieva
**Titolo:** Nutritional Management of Thyroiditis of Hashimoto
**DOI:** 10.3390/ijms23095144
**Data:** 2022 May 5
**Sito web:** PubMed Central (PMC)
**Editore:** International Journal of Molecular Sciences

**[s100]** - https://ods.od.nih.gov/factsheets/ImmuneFunction-HealthProfessional/
**Titolo:** Dietary Supplements for Immune Function and Infectious Diseases - Health Professional Fact Sheet
**di:** National Institutes of Health (NIH)
**Data:** Sat, 15 Feb 2025
**Sito web:** Office of Dietary Supplements (ODS)
**Editore:** ods.od.nih.gov

**[s101]** - https://pmc.ncbi.nlm.nih.gov/articles/PMC7213601/
**Autore:** Annelise Madison, Janice K Kiecolt-Glaser
**Titolo:** Stress, depression, diet, and the gut microbiota: human–bacteria interactions at the core of psychoneuroimmunology and nutrition
**di:** National Library of Medicine (NLM); National Institutes of Health (NIH)
**DOI:** 10.1016/j.cobeha.2019.01.011
**Data:** 2019 Mar 25
**Sito web:** PubMed Central (PMC)

---

**[s102]** - https://pmc.ncbi.nlm.nih.gov/articles/PMC9101513/
**Autore:** Yana Danailova, Tsvetelina Velikova, Georgi Nikolaev, Zorka Mitova, Alexander Shinkov, Hristo Gagov, Rossitza Konakchieva
**Titolo:** Nutritional Management of Thyroiditis of Hashimoto
**DOI:** 10.3390/ijms23095144
**Data:** 2022 May 5
**Sito web:** PubMed Central (PMC)
**Editore:** International Journal of Molecular Sciences

---

**[s103]** - https://pmc.ncbi.nlm.nih.gov/articles/PMC7284442/
**Autore:** Chiara Gioia, Bruno Lucchino, Maria Grazia Tarsitano, Cristina Iannuccelli, Manuela Di Franco
**Titolo:** Dietary Habits and Nutrition in Rheumatoid Arthritis: Can Diet Influence Disease Development and Clinical Manifestations?
**di:** Dipartimento di Scienze Cliniche, Internistiche, Anestesiologiche e Cardiovascolari-Reumatologia, Sapienza University of Rome; Dipartimento di Medicina Sperimentale, Sapienza University of Rome
**DOI:** 10.3390/nu12051456
**Data:** 2020 May 18
**Sito web:** PubMed Central (PMC)
**Editore:** Nutrients

---

**[s104]** - https://pmc.ncbi.nlm.nih.gov/articles/PMC5647120/
**Autore:** Gauree G Konijeti, NaMee Kim, James D Lewis, Shauna Groven, Anita Chandrasekaran, Sirisha Grandhe, Caroline Diamant, Emily Singh, Glenn Oliveira, Xiaoyun Wang, Bhuvan Molparia, Ali Torkamani
**Titolo:** Efficacy of the Autoimmune Protocol Diet for Inflammatory Bowel Disease
**DOI:** 10.1097/MIB.0000000000001221
**Data:** 2017 Aug 29
**Sito web:** PubMed Central (PMC)

---

**[s105]** - https://pmc.ncbi.nlm.nih.gov/articles/PMC10057655/
**Autore:** Antonina Kurowska, Wojciech Ziemichód, Mariola Herbet, Iwona Pią tkowska-Chmiel
**Titolo:** The Role of Diet as a Modulator of the Inflammatory Process in the Neurological Diseases
**di:** Medical University of Lublin
**DOI:** 10.3390/nu15061436
**Data:** 2023 Mar 16
**Sito web:** PMC (PubMed Central)
**Editore:** MDPI

**[s106]** - https://pmc.ncbi.nlm.nih.gov/articles/PMC5426415/
**Autore:** Waqas Sami, Tahir Ansari, Nadeem Shafique Butt, Mohd Rashid Ab Hamid
**Titolo:** Effect of diet on type 2 diabetes mellitus: A review
**Data:** 2017 Apr-Jun
**Sito web:** PubMed Central (PMC)
**Editore:** International Journal of Health Sciences

**[s107]** - https://pmc.ncbi.nlm.nih.gov/articles/PMC10720671/
**Autore:** Anil Patani, Deepak Balram, Virendra Kumar Yadav, Kuang-Yow Lian, Ashish Patel, Dipak Kumar Sahoo
**Titolo:** Harnessing the power of nutritional antioxidants against adrenal hormone imbalance-associated oxidative stress
**DOI:** 10.3389/fendo.2023.1271521
**Data:** 2023 Nov 30
**Sito web:** PubMed Central (PMC)
**Editore:** Frontiers in Endocrinology

**[s108]** - https://pmc.ncbi.nlm.nih.gov/articles/PMC10176046/
**Autore:** Idris Zubairu Sadiq
**Titolo:** Lifestyle medicine as a modality for prevention and management of chronic diseases
**DOI:** 10.1016/j.jtumed.2023.04.001
**Data:** 2023 Apr 15
**Sito web:** PubMed Central (PMC)
**Editore:** Journal of Taibah University Medical Sciences

**[s109]** - https://www.ncbi.nlm.nih.gov/books/NBK540989/
**Autore:** Sarosh Vaqar, Karen B. Shackelford
**Titolo:** Pernicious Anemia
**di:** StatPearls Publishing
**Data:** 2023/05/08
**Sito web:** NCBI Bookshelf
**Editore:** StatPearls Publishing

**[s110]** - https://pmc.ncbi.nlm.nih.gov/articles/PMC9101513/
**Autore:** Yana Danailova, Tsvetelina Velikova, Georgi Nikolaev, Zorka Mitova, Alexander Shinkov, Hristo Gagov, Rossitza Konakchieva
**Titolo:** Nutritional Management of Thyroiditis of Hashimoto
**DOI:** 10.3390/ijms23095144
**Data:** 2022 May 5
**Sito web:** PubMed Central (PMC)
**Editore:** International Journal of Molecular Sciences

**[s111]** - https://pmc.ncbi.nlm.nih.gov/articles/PMC10880862/
**Autore:** Maria Nieves Garcia-Casal, Omar Dary, Maria Elena Jefferds, Sant-Rayn Pasricha
**Titolo:** Diagnosing anemia: Challenges selecting methods, addressing underlying causes, and implementing actions at the public health level
**DOI:** 10.1111/nyas.14996
**Data:** 2023 Apr 15
**Sito web:** PubMed Central (PMC)
**Editore:** Annals of the New York Academy of Sciences

**[s112]** - https://www.nia.nih.gov/health/healthy-eating-nutrition-and-diet/healthy-meal-planning-tips-older-adults
**Titolo:** Healthy Meal Planning: Tips for Older Adults
**di:** National Institute on Aging
**Sito web:** National Institute on Aging

**[s113]** - https://pmc.ncbi.nlm.nih.gov/articles/PMC5426415/

| | | | |
|---|---|---|---|
| **Autore:** | Waqas Sami, Tahir Ansari, Nadeem Shafique Butt, Mohd Rashid Ab Hamid | **Titolo:** | Effect of diet on type 2 diabetes mellitus: A review |
| **di:** | Universiti Malaysia Pahang; Majmaah University; King Abdulaziz University | **Data:** | 2017 Apr-Jun |
| **Sito web:** | PubMed Central (PMC) | **Editore:** | International Journal of Health Sciences |

# Fonti delle immagini

Le immagini non elencate sono state create internamente o acquisite con licenza appropriata. Tutti i diritti sono riservati per queste immagini.

Per tutte le altre immagini elencate qui:
Nessuna delle immagini è stata modificata, è stata adattata solo la risoluzione. Nella versione eBook, le immagini sono state compilate in collage numerati. Tutte le immagini rimangono soggette alla loro licenza originale e vengono utilizzate secondo i rispettivi termini di licenza. Se riscontri errori di attribuzione o altre discrepanze, contattaci.

Data della revisione finale dell'immagine: 2025-02-19.

### Licenza utilizzata

| | |
|---|---|
| CC0 | http://creativecommons.org/publicdomain/zero/1.0/deed.en |

### Crediti immagini

**[i1]** - 001_001_001_image_mikrobiota.jpeg
https://upload.wikimedia.org/wikipedia/commons/6/6c/Bacteroides_biacutis_01.jpg

| | | | |
|---|---|---|---|
| **Date:** | 2007-03-29 | **di:** | Angusmclellan |
| **Artista:** | US gov | **License:** | Public domain |

**[i2]** - 001_001_001_image_omega3fettsaeuren.jpeg
https://upload.wikimedia.org/wikipedia/commons/f/fb/Sunsplash_omega3_leinsameno.jpg

| | | | |
|---|---|---|---|
| **Date:** | 2005-08-07 | **di:** | VisualBeo |
| **Artista:** | Christian H. | **License:** | Public domain |

**[i3]** - 001_001_001_image_immunzelle.jpeg
https://upload.wikimedia.org/wikipedia/commons/8/82/SEM_blood_cells.jpg

| | | | |
|---|---|---|---|
| **Date:** | Date | **di:** | Tm |
| **Artista:** | Bruce Wetzel (photographer). Harry Schaefer (photographer) | **License:** | Public domain |

**[i4]** - 001_001_002_image_antioxidantien.jpeg
https://upload.wikimedia.org/wikipedia/commons/3/3c/Glutathione-3D-vdW.png

| | | | |
|---|---|---|---|
| **Date:** | 2007-06-24 | **di:** | dodekairaamen |
| **Artista:** | Ben Mills | **License:** | Public domain |

**[i5]** - 001_001_002_image_kurzkettige_fettsaeuren.jpeg
https://upload.wikimedia.org/wikipedia/commons/3/32/Valeric-acid-3D-balls-B.png

| | | | |
|---|---|---|---|
| **Date:** | 2010-08-01 | **di:** | Jynto |
| **License:** | Public domain | | |

**[i6]** - 001_001_003_image_phytonaehrstoffe.jpeg
https://upload.wikimedia.org/wikipedia/commons/4/46/Bureau_of_Chemistry_Phytochemical_Laboratory_-_DPLA_-_4c67f498d16765ead99c84938171cff4.jpg

| | | | |
|---|---|---|---|
| **Date:** | 1916 | **di:** | DPLA bot |
| **Artista:** | United States. Food and Drug Administration | **License:** | Public domain |

**[i7]** - 001_002_001_image_huelsenfruechte.jpeg
https://upload.wikimedia.org/wikipedia/commons/e/e7/Various_legumes.jpg

| | | | |
|---|---|---|---|
| **Date:** | 2013-12-13 | **di:** | FarnhamJ |
| **Artista:** | Keith Weller, Agricultural Research Service, USDA | **License:** | Public domain |

**[i8]** - 001_002_001_image_transfette.jpeg
https://upload.wikimedia.org/wikipedia/commons/d/d4/Avoiding_Trans_Fat.png

| | | | |
|---|---|---|---|
| **Date:** | 2015-06-11 | **di:** | Reginarolague |
| **Artista:** | The U.S. Food and Drug Administration | **License:** | Public domain |

**[i9]** - 001_002_001_image_naehrstoffdefizit.jpeg
https://upload.wikimedia.org/wikipedia/commons/2/26/Pink_dandelion.jpg

| | | | |
|---|---|---|---|
| **Date:** | 2013-10-31 | **di:** | Natr |
| **License:** | CC0 | | |

**[i10]** - 001_002_002_image_meeresfruechte.jpeg
https://upload.wikimedia.org/wikipedia/commons/4/45/Seafood_Linguine_%40_the_Caledonian_Hotel%2C_North_Adelaide_20240903-130351.jpg

| | | | |
|---|---|---|---|
| **Date:** | 2024-09-03 | **di:** | RegionVisitor90 |
| **License:** | CC0 | | |

**[i11]** - 001_002_002_image_olivenoel.jpeg
https://upload.wikimedia.org/wikipedia/commons/9/9e/Olive_Oil_%28Unsplash%29.jpg

| | | | |
|---|---|---|---|
| **Date:** | 2016-09-27 | **di:** | Fae |
| **Artista:** | robertina | **License:** | CC0 |

**[i12]** - 001_002_002_image_tumornekrosefaktoralpha.jpeg
https://upload.wikimedia.org/wikipedia/commons/d/d0/TNF-alpha.png

| | | | |
|---|---|---|---|
| **Date:** | 2009-05-15 | **di:** | Doxepine |
| **License:** | Public domain | | |

**[i13]** - 001_002_002_image_vollkornprodukte.jpeg
https://upload.wikimedia.org/wikipedia/commons/f/f5/QuinoaGrains.jpg

| | | | |
|---|---|---|---|
| **Date:** | 2008-04-09 | **di:** | Ben pcc |
| **Artista:** | User:Ben_pcc | **License:** | Public domain |

**[i14]** - 001_002_003_image_ingwer.jpeg
https://upload.wikimedia.org/wikipedia/commons/a/a2/Ginger-cross-section.jpg

| | | | |
|---|---|---|---|
| **Date:** | 31 March 2007 | **di:** | Snarkmaster |
| **License:** | Public domain | | |

**[i15]** - 001_002_003_image_zimt.jpeg
https://upload.wikimedia.org/wikipedia/commons/d/db/Cinnamon_sticks_%282%29.jpg

| | | | |
|---|---|---|---|
| **Date:** | 2024-04-09 | **di:** | Fumikas Sagisavas |
| **License:** | CC0 | | |

**[i16]** - 001_003_002_image_hashimotothyreoiditis.jpeg
https://upload.wikimedia.org/wikipedia/commons/f/f9/Hashimoto_Thyroiditis.jpg

| | | | |
|---|---|---|---|
| **Date:** | 2010-08-30 | **di:** | Schomynv |
| **License:** | Public domain | | |

**[i17]** - 001_003_002_image_interleukin2.jpeg
https://upload.wikimedia.org/wikipedia/commons/8/87/IL2_Crystal_Structure.png

| | | | |
|---|---|---|---|
| **Date:** | 2006-10-12 | **di:** | Sedmic |
| **Artista:** | Ramin Herati | **License:** | Public domain |

**[i18]** - 001_003_002_image_lymphozyt.jpeg
https://upload.wikimedia.org/wikipedia/commons/8/89/SEM_Lymphocyte.jpg

| | | | |
|---|---|---|---|
| **Date:** | 1976-09-20 | **di:** | DO11.10 |
| **License:** | Public domain | | |

**[i19]** - 001_003_003_image_carotinoide.jpeg
https://upload.wikimedia.org/wikipedia/commons/1/14/Pumpkin_Pie.jpg

| | | | |
|---|---|---|---|
| **Date:** | 2012-03-11 | **di:** | Jean-Frédéric |
| **Artista:** | Peggy Greb | **License:** | Public domain |

**[i20]** - 002_001_001_image_eier.jpeg
https://upload.wikimedia.org/wikipedia/commons/8/8f/Eggs_and_French_fries.jpg

| | | | |
|---|---|---|---|
| **Date:** | 2023-09-11 | **di:** | Doglover41 |
| **License:** | CC0 | | |

**[i21]** - 002_001_001_image_kokosoel.jpeg
https://upload.wikimedia.org/wikipedia/commons/2/2a/JUKEG_COCONUT_OIL.jpg

| | | | |
|---|---|---|---|
| **Date:** | 2024-09-12 | **di:** | Jukegventures |
| **License:** | CC0 | | |

**[i22]** - 002_001_001_image_leber.jpeg
https://upload.wikimedia.org/wikipedia/commons/6/67/Beef%2BLiver.jpg

| | | | |
|---|---|---|---|
| **Date:** | 2024-07-19 | **di:** | Lucia Skhosana |
| **Artista:** | Unknown authorUnknown author | **License:** | CC0 |

**[i23]** - 002_001_001_image_spinat.jpeg
https://upload.wikimedia.org/wikipedia/commons/2/25/Classic_spinach_salad.jpg

| | | | |
|---|---|---|---|
| **Date:** | 2024-04-16 | **di:** | Valereee |
| **License:** | CC0 | | |

**[i24]** - 002_001_003_image_blutzuckerspiegel.jpeg
https://upload.wikimedia.org/wikipedia/commons/f/f7/Testing_Blood_Sugar_Levels.jpg

| | | | |
|---|---|---|---|
| **Date:** | 2015-05-20 | **di:** | Laurajohnson09 |
| **Artista:** | Reversing Your Diabetes Today | **License:** | CC0 |

**[i25]** - 002_001_003_image_gemuesesmoothie.jpeg
https://upload.wikimedia.org/wikipedia/commons/0/0c/Kiwi_Smoothie.jpg

| | | | |
|---|---|---|---|
| **Date:** | 2018-05-15 | **di:** | LukeTriton |
| **Artista:** | rawpixel.com | **License:** | CC0 |

**[i26]** - 002_001_003_image_heisshungerattacken.jpeg
https://upload.wikimedia.org/wikipedia/commons/d/d2/Cravings_%28Unsplash%29.jpg

| | | | |
|---|---|---|---|
| **Date:** | Taken | **di:** | Fae |
| **Artista:** | brookelark | **License:** | CC0 |

**[i27]** - 002_001_003_image_naehrstoffzufuhr.jpeg
https://upload.wikimedia.org/wikipedia/commons/1/19/Diet-ge013ccb43_1920.jpg

| | | | |
|---|---|---|---|
| **Date:** | 2015-01-31 | **di:** | Billy593pts |
| **Artista:** | Stevepb | **License:** | CC0 |

**[i28]** - 002_001_003_image_proteinpulver.jpeg
https://upload.wikimedia.org/wikipedia/commons/1/1b/Osaka_protein_shaker.jpg

| | | | |
|---|---|---|---|
| **Date:** | 2011-03-08 | **di:** | Karnaz |
| **License:** | CC0 | | |

**[i29]** - 002_002_001_image_betacarotin.jpeg
https://upload.wikimedia.org/wikipedia/commons/6/65/Beta-Carotene-3D-spacefill.png
**Date:** 2011-01-27 **di:** Jynto
**License:** CC0

---

**[i30]** - 002_002_001_image_vitamin_a.jpeg
https://upload.wikimedia.org/wikipedia/commons/9/9e/Retinol_3D_balls.png
**Date:** 2011-06-15 **di:** Jynto
**License:** CC0

---

**[i31]** - 002_002_001_image_einwecken.jpeg
https://upload.wikimedia.org/wikipedia/commons/4/43/Strawberry_jam_%28home_preservation%29.jpg
**Date:** 2016-04-27 **di:** Ser Amantio di Nicolao
**Artista:** Nutrition, Food Safety & Health **License:** CC0

---

**[i32]** - 002_002_001_image_kohlendioxid.jpeg
https://upload.wikimedia.org/wikipedia/commons/3/35/Carbon_dioxide_structure.png
**Date:** 2/21/10 **di:** Benji9072
**License:** Public domain

---

**[i33]** - 002_002_002_image_brokkoli.jpeg
https://upload.wikimedia.org/wikipedia/commons/4/4f/Basket_of_broccoli_in_Singapore_market.jpg
**Date:** 2009-09-05 **di:** File Upload Bot (Magnus Manske)
**Artista:** David **License:** Public domain

---

**[i34]** - 002_002_002_image_leinoel.jpeg
https://upload.wikimedia.org/wikipedia/commons/9/9e/Flaxseed_is_fed_into_a_battery_of_five-roller_grinders%2C_the_first_step_in_extracting_linseed_oil_-_NARA_-_283916.jpg
**Date:** circa **di:** US National Archives bot
**Artista:** class="fn value"> Unknown authorUnknown author or not provided **License:** Public domain

---

**[i35]** - 002_002_002_image_walnuss.jpeg
https://upload.wikimedia.org/wikipedia/commons/1/1b/Juglans_regia_2009_G2.jpg
**Date:** 2009-06-25 **di:** George Chernilevsky
**License:** Public domain

---

**[i36]** - 002_002_003_image_chutney.jpeg
https://upload.wikimedia.org/wikipedia/commons/b/bb/Jars_of_Welsh_chutney_and_preserves.jpg
**Date:** 2010-09 **di:** Vouliagmeni
**License:** Public domain

---

**[i37]** - 002_002_003_image_kefir.jpeg
https://upload.wikimedia.org/wikipedia/commons/2/25/Kefir-insieme.jpg
**Date:** 2007-09-09 **di:** Bermas66~commonswiki
**Artista:** Bermas66 **License:** Public domain

---

**[i38]** - 002_002_003_image_kimchi.jpeg
https://upload.wikimedia.org/wikipedia/commons/b/b2/Kimchi_pancake_-_Korpan_2023-07-03.jpg
**Date:** 2023-07-03 **di:** Onthewings
**Artista:** Andy Li **License:** CC0

---

**[i39]** - 002_002_003_image_sauerkraut.jpeg
https://upload.wikimedia.org/wikipedia/commons/6/61/German_sausages_in_Tokyo%2C_plus_sauerkraut_and_mustard.jpg
**Date:** 3 October 2020 **di:** Syced
**License:** CC0

---

**[i40]** - 002_003_001_image_vitamin_c.jpeg
https://upload.wikimedia.org/wikipedia/commons/d/dd/Vitamin_C_%281989_calendar_march%29.jpg

| | | | |
|---|---|---|---|
| **Date:** | 1989-01 | **di:** | Fae |
| **Artista:** | Bill Branson (Photographer) | **License:** | Public domain |

**[i41]** - 002_003_001_image_daempfen.jpeg
https://upload.wikimedia.org/wikipedia/commons/6/6a/Steaming_frozen_food_1.jpg

| | | | |
|---|---|---|---|
| **Date:** | 4 April 2009, 11:52:49 | **di:** | Sameboat |
| **License:** | Public domain | | |

**[i42]** - 002_003_001_image_mikrowellenkochen.jpeg
https://upload.wikimedia.org/wikipedia/commons/6/6d/Stove_oven_combination_and_microwave_oven.jpg

| | | | |
|---|---|---|---|
| **Date:** | 2010-01-16 | **di:** | Northamerica1000 |
| **Artista:** | Tomwsulcer | **License:** | CC0 |

**[i43]** - 002_003_002_image_blanchieren.jpeg
https://upload.wikimedia.org/wikipedia/commons/e/e9/Blanched_almonds.jpg

| | | | |
|---|---|---|---|
| **Date:** | 2009-10-26 | **di:** | Nadiatalent |
| **License:** | Public domain | | |

**[i44]** - 002_003_003_image_einfrieren.jpeg
https://upload.wikimedia.org/wikipedia/commons/4/47/Refrigerator_with_frozen_foods_in_Sailor_House_%281%29.jpg

| | | | |
|---|---|---|---|
| **Date:** | 2022-02-19 | **di:** | Onthewings |
| **Artista:** | Andy Li | **License:** | CC0 |

**[i45]** - 002_003_003_image_eintoepfe.jpeg
https://upload.wikimedia.org/wikipedia/commons/4/41/Cream_Stew_001.jpg

| | | | |
|---|---|---|---|
| **Date:** | 2021-07-20 | **di:** | Ocdp |
| **License:** | CC0 | | |

**[i46]** - 002_003_003_image_vorkochen.jpeg
https://upload.wikimedia.org/wikipedia/commons/7/70/Cooking_pot_MET_me34_107_27.jpg

| | | | |
|---|---|---|---|
| **Date:** | circa III–VII century A.D. | **di:** | Pharos |
| **License:** | CC0 | | |

**[i47]** - 003_001_001_image_ballaststoffe.jpeg
https://upload.wikimedia.org/wikipedia/commons/3/3d/Fruit%2C_Vegetables_and_Grain_NCI_Visuals_Online.jpg

| | | | |
|---|---|---|---|
| **Date:** | 1989 | **di:** | Lobo |
| **Artista:** | Unknown authorUnknown author | **License:** | Public domain |

**[i48]** - 003_001_002_image_proteinprofil.jpeg
https://upload.wikimedia.org/wikipedia/commons/7/77/FDA_Center_for_Food_Safety_%26_Applied_Nutrition_%28CFSAN%29_6540_%288754867859%29.jpg

| | | | |
|---|---|---|---|
| **Date:** | 2013-04-10 | **di:** | Vanished Account Byeznhpyxeuztibuo |
| **Artista:** | The U.S. Food and Drug Administration | **License:** | Public domain |

**[i49]** - 003_002_001_image_autoimmunthyreoiditis.jpeg
https://upload.wikimedia.org/wikipedia/commons/d/df/Histopathology_of_non-specific_chronic_thyroiditis.jpg

| | | | |
|---|---|---|---|
| **Date:** | 2023-01-08 | **di:** | Mikael Häggström |
| **License:** | CC0 | | |

**[i50]** - 003_002_001_image_pemphigus.jpeg
https://upload.wikimedia.org/wikipedia/commons/8/87/Pemphigus_vulgaris.jpg

| | | | |
|---|---|---|---|
| **Date:** | 2024-11-24 | **di:** | Sajid Sharif |
| **License:** | CC0 | | |

**[i51]** - 003_002_002_image_nahrungsmittelallergen.jpeg
https://upload.wikimedia.org/wikipedia/commons/b/bb/Hives_on_back.jpg

| | | | |
|---|---|---|---|
| **Date:** | 2008-07-22 | **di:** | Brigban |
| **Artista:** | DLdoubleE | **License:** | Public domain |

**[i52]** - 003_003_001_image_stevia_rebaudiana.jpeg
https://upload.wikimedia.org/wikipedia/commons/0/0f/Stevia_rebaudiana_%28potted_plant%29.jpg

| | | | |
|---|---|---|---|
| **Date:** | 2010-10-17 | **di:** | Gabriela Ruellan |
| **Artista:** | Gabriela F. Ruellan | **License:** | CC0 |

**[i53]** - 003_003_002_image_buchweizen.jpeg
https://upload.wikimedia.org/wikipedia/commons/e/e1/Fagopyrum_sagittatum.jpg

| | | | |
|---|---|---|---|
| **Date:** | 2008-09-04 | **di:** | Atilin |
| **License:** | Public domain | | |

**[i54]** - 003_003_002_image_hirse.jpeg
https://upload.wikimedia.org/wikipedia/commons/f/f0/Grain_millet%2C_early_grain_fill%2C_Tifton%2C_7-3-02.jpg

| | | | |
|---|---|---|---|
| **Date:** | 2005-10-29 | **di:** | Dlanglois |
| **License:** | Public domain | | |

**[i55]** - 003_003_002_image_quinoa.jpeg
https://upload.wikimedia.org/wikipedia/commons/1/16/Bolivian_tricolor_quinoa_%282%29.jpg

| | | | |
|---|---|---|---|
| **Date:** | 2024-04-09 | **di:** | Fumikas Sagisavas |
| **License:** | CC0 | | |

**[i56]** - 003_003_002_image_sorghum.jpeg
https://upload.wikimedia.org/wikipedia/commons/d/df/Sorghum.jpg

| | | | |
|---|---|---|---|
| **Date:** | before | **di:** | Slomox |
| **Artista:** | Larry Rana, USDA | **License:** | Public domain |

**[i57]** - 003_003_003_image_hafer.jpeg
https://upload.wikimedia.org/wikipedia/commons/3/3a/Field_with_mixed_intercropping_of_oat_and_rye.jpg

| | | | |
|---|---|---|---|
| **Date:** | 2018-07-10 | **di:** | W.carter |
| **License:** | CC0 | | |

**[i58]** - 003_003_003_image_kokosnuss.jpeg
https://upload.wikimedia.org/wikipedia/commons/3/3d/Coconut_palm_trees_Limewashed_-_In_Coimbatore_District.jpg

| | | | |
|---|---|---|---|
| **Date:** | 2018-12-21 | **di:** | Deadrat |
| **Artista:** | deadrat | **License:** | CC0 |

**[i59]** - 003_003_003_image_reis.jpeg
https://upload.wikimedia.org/wikipedia/commons/a/af/Rice_milk.jpg

| | | | |
|---|---|---|---|
| **Date:** | 2018-01-29 | **di:** | Phonet |
| **Artista:** | Daniele Pellati | **License:** | CC0 |

**[i60]** - 003_003_003_image_sojabohne.jpeg
https://upload.wikimedia.org/wikipedia/commons/8/82/Soybean.USDA.jpg

| | | | |
|---|---|---|---|
| **Date:** | 2004-11-20 | **di:** | Jurema Oliveira |
| **License:** | Public domain | | |

**[i61]** - 003_003_003_image_cashew.jpeg
https://upload.wikimedia.org/wikipedia/commons/4/4d/Macadamia_nut_milk_1.jpg

| | | | |
|---|---|---|---|
| **Date:** | 2022-06-13 | **di:** | Mx. Granger |
| **License:** | CC0 | | |

**[i62]** - 003_003_003_image_erbse.jpeg
https://upload.wikimedia.org/wikipedia/commons/8/85/Pea_protein_milk_with_yellow_split_peas.jpg

| | | | |
|---|---|---|---|
| **Date:** | 2020-07-26 | **di:** | Mx. Granger |
| **License:** | CC0 | | |

**[i63]** - 003_003_003_image_mandel.jpeg
https://upload.wikimedia.org/wikipedia/commons/4/4d/Almonds02.jpg

| | | | |
|---|---|---|---|
| **Date:** | 2006-08-09 | **di:** | Danielle dk |
| **Artista:** | Danielle_dk | **License:** | Public domain |

**[i64]** - 004_001_001_image_nahrungsmittel.jpeg
https://upload.wikimedia.org/wikipedia/commons/6/6d/Good_Food_Display_-_NCI_Visuals_Online.jpg

| | | | |
|---|---|---|---|
| **Date:** | 1988-12 | **di:** | Lobo |
| **Artista:** | Unknown authorUnknown author | **License:** | Public domain |

**[i65]** - 004_001_002_image_mediterrane_diaet.jpeg
https://upload.wikimedia.org/wikipedia/commons/8/8b/Michael_Taylor_and_colleagues_visit_the_farm_stand_owned_by_the_Spear_family_in_Waldoboro.jpg

| | | | |
|---|---|---|---|
| **Date:** | 2013-08-18 | **di:** | Darlenefrivera |
| **Artista:** | The U.S. Food and Drug Administration | **License:** | Public domain |

**[i66]** - 004_001_002_image_fluessigkeitsdiaet.jpeg
https://upload.wikimedia.org/wikipedia/commons/a/a8/Milk_Pitcher_With_Lid.jpg

| | | | |
|---|---|---|---|
| **Date:** | 2008-10-14 | **di:** | Pitcherman |
| **License:** | Public domain | | |

**[i67]** - 004_001_003_image_nachtschattengewaechse.jpeg
https://upload.wikimedia.org/wikipedia/commons/8/8b/Brugmansia_lg.jpg

| | | | |
|---|---|---|---|
| **Date:** | 2005-04-20 | **di:** | MattKingston~commonswiki |
| **License:** | Public domain | | |

**[i68]** - 004_002_003_image_cholesterin.jpeg
https://upload.wikimedia.org/wikipedia/commons/4/48/Cholesterol_molecule_skeletal.png

| | | | |
|---|---|---|---|
| **Date:** | 2011-08-04 | **di:** | Jynto |
| **License:** | CC0 | | |

**[i69]** - 004_002_003_image_multivitaminpraeparat.jpeg
https://upload.wikimedia.org/wikipedia/commons/2/23/New_Reference_Material_Can_Improve_testing_of_Multivitamin_Tablets_%285880985736%29.jpg

| | | | |
|---|---|---|---|
| **Date:** | 2009-02-10 | **di:** | Vanished Account Byeznhpyxeuztibuo |
| **Artista:** | National Institute of Standards and Technology | **License:** | Public domain |

**[i70]** - 004_003_001_image_blutbild.jpeg
https://upload.wikimedia.org/wikipedia/commons/e/e2/Blood_Types.jpg

| | | | |
|---|---|---|---|
| **Date:** | 2023-08-02 | **di:** | Bondarev.gal |
| **License:** | CC0 | | |

**[i71]** - 004_003_002_image_nahrungsergaenzungsmittel.jpeg
https://upload.wikimedia.org/wikipedia/commons/f/f1/Iodine_pills.jpg

| | | | |
|---|---|---|---|
| **Date:** | 2014-12-02 | **di:** | Mx. Granger |
| **License:** | CC0 | | |

**[i72]** - 004_003_003_image_chiropraktik.jpeg
https://upload.wikimedia.org/wikipedia/commons/e/e0/KARUNK%21_%288223029%29.jpg

| | | | |
|---|---|---|---|
| **Date:** | Taken | **di:** | OptimusPrimeBot |
| **Artista:** | Bryan Gatchell | **License:** | Public domain |

**[i73]** - 004_003_003_image_ernaehrungsprotokoll.jpeg
https://upload.wikimedia.org/wikipedia/commons/d/df/Diary_of_Benjamin_Bennett_Briggs%2C_1849_%2822863%29.jpg

| | | | |
|---|---|---|---|
| **Date:** | 1849 | **di:** | Fae |
| **Artista:** | Briggs, Benjamin, fl. 1873-1879 | **License:** | Public domain |

**[i74]** - 004_003_003_image_mineralstoff.jpeg
https://upload.wikimedia.org/wikipedia/commons/7/72/Minerals.jpg

| | | | |
|---|---|---|---|
| **Date:** | 2006-03-11 | **di:** | Gap |
| **Artista:** | United States Geological Survey | **License:** | Public domain |

**[i75]** - 005_001_001_image_lebensstil.jpeg
https://upload.wikimedia.org/wikipedia/commons/e/eb/Maintaining_a_healthy_lifestyle.jpg

| | | | |
|---|---|---|---|
| **Date:** | 2024-10-10 | **di:** | Keyidin28 |
| **License:** | CC0 | | |

**[i76]** - 005_001_001_image_stressmanagement.jpeg
https://upload.wikimedia.org/wikipedia/commons/3/35/57th_RQS_PJs_perform_cold_exposure_training_with_Wim_Hof_Instructor_%287352074%29.jpg

| | | | |
|---|---|---|---|
| **Date:** | Taken | **di:** | OptimusPrimeBot |
| **Artista:** | Brooke Keisler | **License:** | Public domain |

**[i77]** - 005_001_002_image_fette.jpeg
https://upload.wikimedia.org/wikipedia/commons/f/fe/Nutrition_Facts_label_with_94%25_saturated_fat_per_serving.jpg

| | | | |
|---|---|---|---|
| **Date:** | 2014-04-17 | **di:** | B137 |
| **License:** | CC0 | | |

**[i78]** - 005_001_002_image_gluten.jpeg
https://upload.wikimedia.org/wikipedia/commons/b/b3/Gluten_Sources.png

| | | | |
|---|---|---|---|
| **Date:** | 29 July 2007 | **di:** | IKAl |
| **Artista:** | Photograph by Pdeitiker | **License:** | Public domain |

**[i79]** - 005_001_002_image_kohlenhydrate.jpeg
https://upload.wikimedia.org/wikipedia/commons/0/00/KetoCal.jpg

| | | | |
|---|---|---|---|
| **Date:** | 2008-03-02 | **di:** | Colin |
| **License:** | Public domain | | |

**[i80]** - 005_001_003_image_vitamin_d.jpeg
https://upload.wikimedia.org/wikipedia/commons/0/0a/Vitamin_D_SRM_%285941078390%29.jpg

| | | | |
|---|---|---|---|
| **Date:** | 2009-06-12 | **di:** | Vanished Account Byeznhpyxeuztibuo |
| **Artista:** | National Institute of Standards and Technology | **License:** | Public domain |

**[i81]** - 005_003_001_image_laborparameter.jpeg
https://upload.wikimedia.org/wikipedia/commons/0/0c/Barbara_Askins%2C_Chemist_-_GPN-2004-00022.jpg

| | | | |
|---|---|---|---|
| **Date:** | 1978 | **di:** | BotMultichillT |
| **Artista:** | NASA | **License:** | Public domain |

**[i82]** - 005_003_001_image_medizinische_untersuchungen.jpeg
https://upload.wikimedia.org/wikipedia/commons/d/dc/230525-F-AV821-202_-_USS_Oscar_Austin_%28DDG_79%29_Hospital_Corpsman_highlight_during_Formidable_Shield_2023.jpg

| | | | |
|---|---|---|---|
| **Date:** | 2023-05-25 | **di:** | Noah Wulf |
| **Artista:** | Senior Airman Jan Valle | **License:** | Public domain |

**[i83]** - 005_003_001_image_rote_blutkoerperchen.jpeg
https://upload.wikimedia.org/wikipedia/commons/5/5b/Red_blood_cells_infected_with_malaria.jpg

| | | | |
|---|---|---|---|
| **Date:** | 2016-03-30 | **di:** | Iluvicedtea |
| **Artista:** | Rick Fairhurst and Jordan Zuspann, National Institute of Allergy and Infectious Diseases, National Institutes of Health | **License:** | Public domain |

**[i84]** - 005_003_002_image_haemoglobin.jpeg
https://upload.wikimedia.org/wikipedia/commons/4/41/Hemoglobin-model-large-1.png

| | | | |
|---|---|---|---|
| **Date:** | 2021-10-28 | **di:** | RFZYNSPY |
| **License:** | CC0 | | |

**[i85]** - 005_003_002_image_blutsenkungsgeschwindigkeit.jpeg
https://upload.wikimedia.org/wikipedia/commons/9/9d/StaRRsed_pipet_array.jpg

| | | | |
|---|---|---|---|
| **Date:** | 2013-04-17 | **di:** | MechESR |
| **License:** | CC0 | | |

**[i86]** - 005_003_002_image_creaktives_protein.jpeg
https://upload.wikimedia.org/wikipedia/commons/f/f5/Computer-generated_image_of_the_structure_for_C-reactive_protein.jpg

| | | | |
|---|---|---|---|
| **Date:** | 2009-11-03 | **di:** | Maureendberryhill |
| **Artista:** | National Institute of Standards and Technology | **License:** | Public domain |

FSC
www.fsc.org
MIX
Papier | Fördert
gute Waldnutzung
FSC® C083411

Kolibri 360 GmbH
Ferdinand-Jühlke-Straße 7
99095 Erfurt, Deutschland
produktsicherheit@kolibri360.de